农村可再生能源发展机制研究

——基于参与人视角的分析

唐松林　周文兵　著

中国财经出版传媒集团

经济科学出版社

Economic Science Press

图书在版编目（CIP）数据

农村可再生能源发展机制研究：基于参与人视角的分析/唐松林，周文兵著 . —北京：经济科学出版社，2021.8

ISBN 978 - 7 - 5218 - 2789 - 7

Ⅰ.①农…　Ⅱ.①唐…②周…　Ⅲ.①农村 - 再生能源 - 能源发展 - 研究 - 中国　Ⅳ.①S210.7

中国版本图书馆 CIP 数据核字（2021）第 167674 号

责任编辑：宋　涛
责任校对：蒋子明
责任印制：范　艳　张佳裕

农村可再生能源发展机制研究
——基于参与人视角的分析
NONGCUN KEZAISHENG NENGYUAN FAZHAN JIZHI YANJIU
——JIYU CANYUREN SHIJIAO DE FENXI

唐松林　周文兵　著

经济科学出版社出版、发行　新华书店经销
社址：北京市海淀区阜成路甲 28 号　邮编：100142
总编部电话：010 - 88191217　发行部电话：010 - 88191522
网址：www. esp. com. cn
电子邮箱：esp@ esp. com. cn
天猫网店：经济科学出版社旗舰店
网址：http://jjkxcbs. tmall. com
北京季蜂印刷有限公司印装
710×1000　16 开　9.5 印张　170000 字
2021 年 9 月第 1 版　2021 年 9 月第 1 次印刷
ISBN 978 - 7 - 5218 - 2789 - 7　定价：42.00 元
（图书出现印装问题，本社负责调换。电话：010 - 88191510）
（版权所有　侵权必究　打击盗版　举报热线：010 - 88191661
QQ：2242791300　营销中心电话：010 - 88191537
电子邮箱：dbts@ esp. com. cn）

目　录

第1章

绪　论

1.1　农村可再生能源概念界定

1.1.1　能源

"能源"是现代人类社会发展的重要物质基础。不过，到底什么是"能源"？不同文献对它有不同的定义。《现代汉语词典》对"能源"的定义："能够产生能量的物质，如燃料、水力、风力等"。《大英百科全书》定义"能源"："包括所有燃料、流水、阳光和风的术语，人类用适当的转换手段，可让它为人类提供所需的能量"。《日本大百科全书》定义"能源"为："在各种生产活动中，我们利用热能、机械能、光能、电能等来做功，可利用其作为这些能量源泉的自然界中的各种载体"。我国的《能源百科全书》定义"能源"："可以直接或经转换提供人类所需的光、热、动力等任一种形式能量的载能体资源"。通过这些定义，我们可以知道：能源是可以呈现多种形式的、可以相互转换的能量的源泉。简单地说，能源就是能够提供某种形式能量的资源。

自工业革命以来，世界对能源的需求急剧增加，煤炭、石油、天然气等化石能源的消费量迅速增长，生态环境不断恶化，特别是化石能源燃烧排放的温室气体导致日益严峻的全球气候变化，使人类社会的可持续发展受到严重威胁。

能源的种类很多，按照不同的标准可以将其分为不同的类型。

按照能量来源的不同，可以将能源分为 3 大类：（1）来自地球本身的能源，如地热能、核能等；（2）来自地球外部的能源，如太阳能以及由其产生的风能、水能、生物质能、化石能源（包括煤炭、石油、天然气等）、波浪能、海洋温差能等；（3）由于地球与太空内其他星体相互作用而产生的能源，如潮汐能。

按照被开发利用的程度和技术发展水平的差异，可以将能源分为 2 大类：（1）常规能源，也被称为传统能源，其开发利用的时间一般较长，技术相对成熟（发展较慢）、已经被人类社会广泛使用，如煤炭、石油、天然气、水能等；（2）新能源，也被称为非常规能源，通常指正处于研究开发中的能源，其当前利用较少，但是技术发展较快、未来具有很大的发展空间，如太阳能、风能、生物质能（这里主要指生物质颗粒、生物质液体燃料、生物质气化等新的利用方式）等。核能虽然被利用的时间较长，在世界能源结构中的比重也较大，但是考虑到新的核能利用技术还在不断发展、可控核聚变反应至今尚未实现，通常也将其列为新能源。

按照获得的方式的不同，可以将能源分为 2 大类：（1）一次能源，也称天然能源，指以自然界原有形式存在的、不需经过转换就可以直接利用的能源，如煤炭、石油、天然气以及太阳能、风能、水能等；（2）二次能源，指由一次能源经过加工、转换而得来的能源，如电能、氢能、焦炭、煤气和蒸汽等（孙忠英，2009）。与一次能源相比，二次能源通常更易于利用，属于高品质的能源。

按照是否可以再生，可以将能源分为 2 大类：（1）可再生能源，指能够在较短时间内重新产生、可以永续利用的能源，如太阳能、风能、水能、海洋波浪能、潮汐能和生物质能等；（2）非可再生能源，指在较短时间内不能重新产生、会越用越少的能源，如煤炭、石油和天然气等。

按照对环境影响的程度不同，可以将能源分为 2 大类：（1）清洁能源，指对环境污染较小甚至无污染的能源，如太阳能、风能、水能和波浪能等；（2）非清洁能源，指对环境污染较大的能源，如煤炭、石油等传统化石能源。

1.1.2　可再生能源

可再生能源，是指能够在较短时间内重新产生、可以永续利用的能源。可再生能源作为一种能量的载体，具有与非可再生能源显著不同的特征，其中一些对我们有益的特征包括：（1）资源潜力大，能够永续利用、永不枯竭；（2）环境污染低，有利于人与自然和谐发展（国家发展改革委，2012）。可再生能源所具有的可永续利用的特点决定了其作为人类社会可持续发展的重要基础性能源的地位；其清洁、近乎零排放的特点使其具有化石能源无法比拟的环境优势。

不过，可再生能源也具有一些可能影响利用的特征，主要包括以下两个方面：（1）能量密度低。以太阳能光伏电池板为例，每平方米晶体硅电池板的功率在 150W 左右，在年光照条件 1200 小时的地区，每年只能生产 180kWh 的电量；（2）间歇性强，如太阳能和风能都受资源条件的限制，间歇性特征明显。

虽然可再生能源并非完美，但是大家已经意识到，发展可再生能源是人类社会缓解能源保障压力、防治环境污染、应对全球气候变化、实现能源系统低碳转型的重要举措和必由之路。于是，自 20 世纪 70 年代以来，随着可持续发展理念逐步成为国际社会的共识，可再生能源也逐渐成为各国、各个经济体的关注焦点。很多实施能源战略的发达国家和发展中国家都将开发和利用可再生能源作为重要战略组成部分，并在明确的发展目标指引之下，制定出一系列推动可再生资源良性发展的相关法律法规和政府决策，这对促进可再生资源迅猛发展起到了重要作用（赵嘉辉，2012）。

1.1.3　农村可再生能源

可再生能源本身没有城市和农村之分，只是由于开发、利用的区域和对象不同，才出现了农村能源和农村可再生能源的提法。

国家可再生能源中心认为，农村能源包括农村地区的能源消费和能源生产两个方面（王仲颖，任东明等，2013）。农村能源这一概念的提出是源于农村地区基础设施不完善、商品能源供应不足，能源消费品质较低的特点而提出的。农村地区幅员辽阔、具有丰富的可再生能源资源，具备发展可再生能源的土地和资源优势。农村能源问题是大多数发展中国家共同关注的问题，它对保障能源安全、改善农村环境、适应气候变化具有重大的现实意义（罗国亮，张嘉昕等，2019）。《山东省农村可再生能源条例释义》认为，凡是用于农村生产和生活的可再生能源都属于农村可再生能源。中国政府也高度重视农村能源、特别是农村可再生能源的建设。自 2005 年《可再生能源法》颁布，到《可再生能源发展"十一五"规划》

《可再生能源发展"十二五"规划》《可再生能源发展"十三五"规划》等一系列可再生能源规划中，都将农村可再生能源的发展作为国家可再生能源的一个重要方面予以强调和支持。

本书所称的农村可再生能源，是指适合农村地区生产和利用的、分布式的可再生能源，主要包括太阳能热水器、太阳能供热、分布式光伏发电、小型风力发电、沼气和生物质颗粒等。

1.2 发展农村可再生能源的意义

1.2.1 发展农村可再生能源是优化国家能源结构、保障能源供应安全的需要

目前，我国已经是世界能源生产和消费的第一大国。不过，中国能源行业存在着资源约束严重、能源结构不合理的问题，这对我们国家全面建成小康社会与建设社会主义现代化国家形成了较大的制约。

1. 能源储量不足、资源约束大

根据自然资源部的调查：截至 2019 年底，中国煤炭探明储量 1.77 万亿吨，剩余技术可采储量 2704 亿吨，储产比为 76；石油地质资源量 1257 亿吨，可采资源量 301 亿吨，剩余技术可采储量 36 亿吨，储产比为 18.7；天然气地质资源量 90 万亿立方米，探明地质储量 16.84 万亿立方米，剩余技术可采储量 8.4 万亿立方米，储产比为 47.3（王庆一，2020）。从以上数据可以看出，中国的能源储量虽然很大，但是与国内庞大的需求相比，还是相当不足的。按照现在的开发速度，中国的石油将在 20 年内用完，天然气只能用 40 年，即使是我们认为很丰富的煤炭，也只能支撑不到 80 年。为了子孙后代着想，我们当前要尽量减少化石能源的消耗。

从表 1-1 中可以看出，中国国内能源供应严重不足，即使是储量最丰富的煤炭，在近年来消费量不断下降的情况下，每年仍然有将近 2 亿吨以上的缺口。国内储量偏少的石油和天然气的对外依存度都非常高，石油的对外依存度近年来长期稳定在 60% 以上，天然气的对外依存度也基本在 30% 以上。随着中国经济的进一步发展，社会对石油和天然气的需要还会进一步上升，能源的对外依存度也会进一步上升，这会增加中国能源保障的风险。

表 1－1　　中国煤炭、石油、天然气的对外依存情况表（2012～2018 年）

指标	2012 年	2013 年	2014 年	2015 年	2016 年	2017 年	2018 年
煤炭消费量（10^4t）	411727	424426	411633	399834	388820	391403	397452
煤炭净进口量（10^4t）	27914	31951	28548	19872	24676	26284	27716
煤炭对外依存度（%）	6.78	7.53	6.94	5.01	6.42	6.72	6.97
石油消费量（10^4t）	47797.3	49970.6	51859.4	55960.2	57692.9	60395.9	62245.1
石油净进口量（10^4t）	29204.5	30088.1	31965.7	34620.4	38120.0	42114.6	46536.9
石油对外依存度（%）	61.10	60.21	61.64	61.87	66.07	69.73	74.76
天然气消费量（10^8m³）	1497.0	1705.4	1870.6	1931.8	2078.1	2393.7	2817.1
天然气净进口量（10^8m³）	391.7	497.9	565.2	578.9	711.8	910.3	1212.8
天然气对外依存度（%）	26.16	29.20	30.21	29.97	34.25	38.03	43.05

资料来源：根据《中国能源统计年鉴（2019）》整理得到。

2. 能源结构不合理、环境污染严重

中国的能源消费严重依赖煤炭，天然气与水电、核电和其他清洁能源的比例很低。

如表 1－2 所示，虽然煤炭近年来在中国能源消费的比例有所下降，但是截至 2018 年底，其在能源消费总量中仍占到 59%，而水电、核电和其他清洁能源的比例只有 14.5%，天然气也只有 7.6%。这种以煤炭为主的能源消费结构给我国的环境带来了很大的压力。中国近年来出现的雾霾天气就与煤炭的大量使用有着很大关系。

表 1－2　　中国近年的能源消费结构（发电煤耗法，2012～2018 年）

年份	能源消费总量（10^4tce）	煤炭	石油	天然气	水电	核电	其他能源
2012	402138	68.5	17.0	4.8	6.8	0.8	2.1
2013	416913	67.4	17.1	5.3	6.9	0.8	2.5
2014	428334	65.8	17.3	5.6	7.7	1.0	2.6
2015	434113	63.8	18.4	5.8	8.0	1.2	2.8
2016	441492	62.2	18.7	6.1	8.3	1.5	3.3
2017	455827	60.6	18.9	6.9	7.9	1.6	4.1
2018	471925	59.0	18.9	7.6	7.8	1.9	4.8

资料来源：《中国能源统计年鉴（2019）》。

1.2.2 发展农村可再生能源是应对气候变化、建设生态文明的需要

以煤炭为主的消费结构造成了我国能源行业高碳且污染排放严重的局面。虽然近年来中国主要污染物的排放水平都有显著下降，但是到目前为止仍然处于较高的水平（见表1-3）。

表1-3　　　　中国近年来主要污染物排放量（2013~2018年）　　　单位：吨

指标	2018年	2017年	2016年	2015年	2014年	2013年
二氧化硫排放量	5161169	6108376	8548932	18591000	19744000	20439000
氮氧化物排放量	12884376	13483990	15033045	18510242	20780015	22273587
颗粒物排放量	11322554	12849168	16080108	15380133	17407508	12781411

资料来源：《中国环境统计年鉴（2019）》。

发展农村可再生能源可以从两个方面为生态文明建设做出贡献：（1）可再生能源是一种清洁能源、也是一种低碳能源，增加可再生能源的使用可以减少污染物和温室气体的排放；（2）发展农村可再生能源可以将畜禽粪便和农业剩余物变废为宝，减少农村垃圾的产生量，改善农村的生态环境。

1.2.3 发展农村可再生能源是提升农民生活品质、实现乡村振兴的需要

2017年10月18日，习近平总书记在党的十九大报告中提出了实施"乡村振兴"战略的伟大号召。2018年2月4日，作为2018年中央一号文件，《中共中央　国务院关于实施乡村振兴战略的意见》正式发布。文件要求，在"乡村振兴"过程中，要推进乡村绿色发展、打造人与自然和谐共生发展的新格局。《乡村振兴战略规划（2018—2022年）》中也明确要求：优化农村能源供给结构，大力发展太阳能、浅层地热能、生物质能等，因地制宜开发利用水能和风能。……，加快推进生物质热电联产、生物质供热、规模化生物质天然气和规模化大型沼气等燃料清洁化工程。……，加快实施北方农村地区冬季清洁供暖，积极稳妥推进散煤替代。……，大力

发展"互联网＋"智慧能源，探索建设农村能源革命示范区。

开发和利用农村可再生能源，不仅有利于优化农村产业结构、扩大农村就业、发展农村经济，还可以改善农村地区的用能条件、提升农村居民的生活质量，实现农村经济、社会、环境的协调发展，为实现国家的"乡村振兴"战略贡献力量（唐松林，2015）。

发展农村可再生能源可以优化农村产业结构、扩大就业。与大规模、集中式的能源方式相比，可再生能源具有的分布式特点使其具有更高的就业拉动效应。太阳能热水器、太阳能供热、分布式光伏、沼气和生物质颗粒等适合农村地区特点的可再生能源，可以成为农村经济发展新的增长点，为当地创造更多的就业机会。

发展农村可再生能源可以改善农村地区的用能条件、提升农村居民的生活质量。中国农村当前的用能品质较低，煤炭在商品化能源中所占比重较高，秸秆和树木枝条的原始利用仍然占相当大的比重，环境污染严重。低品质的能源利用方式影响了农村的居住和生活条件，影响了美丽乡村建设的步伐。在农村地区开发和利用可再生能源，可以为农村就近提供清洁、高效的能源，提升农民的生活品质。

1.3　本书的研究背景及意义

1.3.1　本书的研究背景

面对资源约束趋紧、环境污染加剧的严峻形势，党的十八大将"生态文明建设"加入国家发展的总体布局，提出了五位一体的发展理念，建设"美丽中国"成了国家发展的一个重要目标。

2017 年 10 月 18 日，习近平总书记在党的十九大报告中提出了"乡村振兴"的发展战略。2018 年 2 月 4 日，《中共中央　国务院关于实施乡村振兴战略的意见》正式公布。2018 年 3 月 5 日，国务院总理李克强在作《政府工作报告》时强调，要大力实施"乡村振兴"战略。

与"生态文明建设"和"乡村振兴"的发展目标相比，中国农村当前的发展还存在很大的差距，表现在能源消费上的问题主要存在两个方面：一方面，薪柴、煤炭的直接燃烧相当普遍，不仅热效率低，而且污染严重；另一方面，农作物秸秆、养殖畜禽粪便资源化利用程度低。这一局面不仅造成资源的大量浪费，还带来严重的环境污染，影响"乡村振兴"战略的实施和"生态文明"建设的进程。

1.3.2　本书的研究意义

从学术角度来说，本书利用扎根理论对影响农村居民利用可再生能源的因素进行研究；并利用博弈学习理论构建模型，对农村居民利用可再生能源过程中的信念影响、信息传导和政策影响进行研究的基础上，进行机制设计，可以更深入地了解居民的低碳行为，这是当前行为经济学研究的重要方向，丰富和发展了农村居民低碳行为方面的理论研究。

从应用角度来说，本书紧密结合国家生态文明建设和节能减排的时代背景，符合社会发展的需要。中国农村可再生能源的发展还比较滞后，这不仅加剧了国家能源紧张的状况，还影响了生态文明建设的进程，因此迫切需要政府出台行之有效的机制来改变这一局面。本书对影响农村可再生能源发展的相关因素和农村居民利用可再生能源过程中决策行为的特点及作用机理进行了深入的研究，从而为政府制定相关政策机制提供决策支持，可以更好地促进中国农村可再生能源的发展。

1.4　本书的创新与特色之处

1.4.1　本书的主要创新

本书的创新主要体现在以下两个方面：

1. 研究视角的创新

本书在研究视角上的创新主要体现在两个方面：（1）由于农村地区的能源消费总量在国家能源消费总量中所占的比重较低，造成农村地区可再生能源的发展以往没有得到足够重视。在农村推广使用可再生能源不仅可以缓解国家能源供应压力，还能减少环境污染、加快生态文明建设进程，实现乡村振兴。因此，我们认为，发展农村可再生能源不能仅仅着眼于能源发展的角度，还要考虑国家的生态文明建设、乡村振兴战略等总体发展战略的需要。（2）本书从农村可再生能源利用参与者——农村居民的视角出发，分析当前影响农村可再生能源发展的机制性问题，并对参与者的决策行为进行剖析，希望能使提出的激励政策更符合农村发展的需要。

2. 研究方法的创新

本书在研究方法上的创新主要有两个方面：（1）利用扎根理论分析影响农村居民利用可再生能源的相关因素。影响农村居民利用可再生能源决策行为的因素相当复杂，在我们没有完全了解这些因素的作用机理之前，利用结构化的计量模型分析居民的决策行为可能会造成研究结果的偏差，将扎根理论应用到对农村居民决策行为的研究中来，通过开放式的访谈，可以尽可能全面地了解影响因素的完整轮廓，并可进一步探析相关因素之间的作用机理。（2）考虑了参与人的异质性和学习行为，可以更大程度地保证机制设计的有效性。传统博弈理论通常假设博弈规则、参与人理性以及支付函数都是共同知识，而忽略了对局中人能力和学习过程的分析，这与实际情况有很大出入，影响了机制设计的效果。博弈学习理论将机制设计建立在行为科学的基础上，认为人是有限理性的，是在不断学习的。基于博弈学习理论构建博弈模型，可以模拟农村居民在利用可再生能源过程中的学习行为，研究参与人信念转变、信息传导的作用机理，分析政府机制的作用途径，使机制设计中考虑的参与人参与约束与激励相容约束更符合现实。

1.4.2　本书的研究特色

本书最突出的研究特色在于从农民的视角出发，研究影响农村居民利用可再生能源的相关因素，分析他们的可再生能源利用决策行为，从而可以为政府出台有效的激励政策和措施提供理论支撑和决策参考。

中国政府以往也出台过不少促进农村可再生能源发展的政策和措施，不过这些政策和措施更多是按照自上而下的方式发布实施的。由于大家对影响农村居民利用可再生能源的相关因素及他们在决策过程中的行为机理缺乏了解，这影响了政府出台的相关机制政策的针对性和有效性。

1.5　本书的研究思路

本书的基本研究思路如图 1-1 所示。

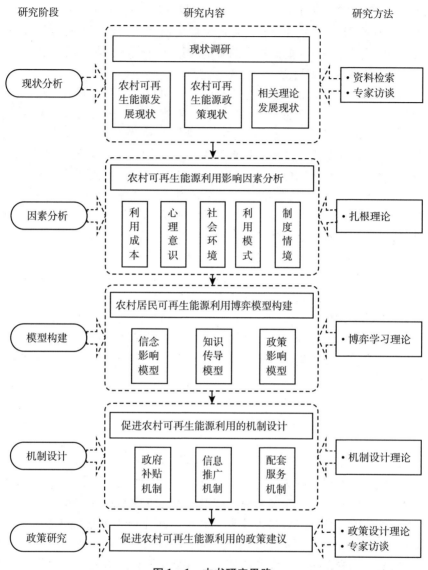

图 1-1 本书研究思路

第一部分，包括第2、3、4章，主要是现状调研。通过数据库检索、专家访谈等方式进行现状调研。包括对国内外农村可再生能源利用现状与发展潜力进行分析；对国内外出台的促进农村可再生能源发展的相关政策进行总结；对本书中所用的相关理论，如博弈论、扎根理论和机制设计理论进行梳理。

第二部分，就是第 5 章，利用扎根理论的方法，分别通过个人深度访谈和焦点小组访谈方式对调查对象进行调研分析，并对获得的调研数据进行编码处理，研究影响农村居民利用可再生能源行为的相关因素。

第三部分，就是第 6 章，利用博弈学习理论构建模型，研究农村居民利用可再生能源决策过程中的参与人信念调整、信息传导和政策影响的博弈过程，探索政府相关政策和措施影响参与人决策的深层作用机理。

第四部分，就是第 7 章，在博弈模型分析的基础上，利用机制设计理论的基本原理进一步研究发展农村可再生能源过程中的政府补贴机制、信息推广机制和配套服务机制。

第五部分，就是第 8 章，在前面研究的基础上，借鉴国外先进经验并听取相关专家的意见，提出促进我国农村可再生能源发展的政策建议。

| 第2章 |

农村可再生能源利用现状及发展潜力

农村地区具有丰富的可再生能源资源，在农村地区发展可再生能源具有明显的经济和社会效益。但是，不管从国外还是国内来看，当前适合农村地区应用的分布式可再生能源的开发和利用比率并不高，未来还有广阔的发展空间。

2.1　世界可再生能源利用现状及发展潜力

2.1.1　世界可再生能源利用现状

近年来，全球可再生能源发展迅速，为世界能源转型、应对气候变化、促进地区经济发展等方面做出了重要贡献，概括来说，主要具有以下特点：

1. 可再生能源的应用持续快速增长

在全球能源需求增长趋缓的大背景下，可再生能源的应用依然保持快速增长。2019 年，全球新增可再生能源发电装机容量 2.01 亿 kW，占当年全部新增发电装机容量的72%[①]。在 2013～2019 年的 7 年间，全球的可再生能源装机总规模增长了 64%，非水电可再生能源装机规模增长了近1.6 倍，其中光伏发电行业表现亮眼，装机规模增长了大约 3.5 倍。其他主要可再生能源的装机容量（或产量）数据如表 2-1 所示。

---

① REN21，2020. 全球可再生能源统计报告（2020）。

表 2-1　全球主要可再生能源装机容量（产量）情况表

项目	2013 年	2014 年	2015 年	2016 年	2017 年	2018 年	2019 年
可再生能源装机容量（含水电）（亿 kW）	15.78	17.12	18.49	20.17	21.97	23.87	25.88
水电装机（不含抽水蓄能）（亿 kW）	10.18	10.55	10.64	10.95	11.12	11.35	11.50
风电装机（亿 kW）	3.19	3.70	4.33	4.87	5.40	5.91	6.51
光伏发电装机（亿 kW）	1.38	1.77	2.27	3.03	4.05	5.12	6.27
太阳能光热发电装机（万 kW）	340	440	480	480	490	560	620
太阳能热水器安装量（GWth）	374	409	435	456	472	480	—
生物质能发电装机（亿 kW）	0.88	0.93	1.06	1.14	1.21	1.31	1.39
生物乙醇年产量（亿升）	878	940	983	1030	1040	1110	1140
生物柴油年产量（亿升）	263	297	301	308	330	410	470

资料来源：REN21，全球可再生能源统计报告（2020）。

2. 可再生能源的利用成本持续快速下降

近年来，随着研发投入和应用量的迅猛增长，可再生能源的利用成本快速下降，其中风力发电和太阳能光伏发电的成本下降速度最为显著。在越来越多的地区，风力发电和太阳能光伏发电的成本已经变得比化石能源发电和核能发电更具有价格优势。如图 2-1 所示，太阳能光伏组件的价格指数从 2014 年 5 月份的 100 下降到 2020 年 10 月的 24.77，下降幅度达到 75.23%。虽然 2021 年在全球光伏装机大扩容的背景下，光伏组件的价格指数出现反弹，不过随着主要光伏设备厂商加大产能，相信在不久的将来光伏组件会出现进一步下降的趋势。

图 2-1　光伏组件价格指数变化情况

资料来源：光伏行情中心（Solarzoom）。

3. 可再生能源行业的就业持续增加

随着可再生能源应用的持续增加，可再生能源行业正在为我们创造更多的就业机会。根据国际可再生能源署（IRENA）的统计数据，2018年，全球可再生能源行业就业总人数大约1098.3万人，比2017年增加215.3万人。其中，光伏行业的就业人员最多，达360.5万人；生物燃料行业次之，为206.3万人；水电行业第三，为205.4万人。从国家（或经济体）层面来看，中国在可再生能源领域的就业人数达407.8万人，在全球遥遥领先；其次是欧盟、巴西和美国，分别为123.5万人、112.5万人和71.9万人。全球主要国家在可再生能源领域的就业情况如表2-2所示：

表2-2　　　　2018年全球可再生能源领域就业人数情况一览表　　　　单位：万人

指标	全球	中国	巴西	美国	印度	日本	欧盟
太阳能光伏	360.5	219.4	1.5	22.5	11.5	27.2	9.6
生物燃料	206.3	5.1	83.2	31.1	3.5	0.3	20.8
水电	205.4	30.8	20.3	66.5	34.7	2.0	7.4
风电	116.0	51.0	3.4	11.4	5.8	0.5	31.4
太阳能供热制冷	80.1	67.0	4.1	1.2	2.07	0.07	2.4
固态生物质能	78.7	18.6	—	7.9	5.8	—	38.7
沼气	33.4	14.5	—	0.7	8.5	—	6.7
地热能	9.4	0.25	—	3.5	—	0.2	2.3
太阳能热发电	3.4	1.1	—	0.5	—	—	0.5
总计	1098.3	407.8	112.5	85.5	71.9	30.3	123.5

资料来源：REN21，2019全球可再生能源统计报告。

4. 可再生能源成为全球能源转型的核心力量

进入21世纪以来，随着国际社会对保护生态环境、应对气候变化和保障能源供应安全等问题的日益重视，加快开发和利用可再生能源已逐渐成为世界各国的普遍共识和一致行动。在2017年10月之前根据《巴黎协定》提交国家自主贡献方案（NDC）的168个缔约方当中，有109个缔约方提出了具体的、量化的可再生能源发展目标，另有36个缔约方在自主贡献方案中涉及具体的可再生能源行动。截至2018年底，几乎世界各国都相继推出支持和促进可再生资源发展的相关法规和政策以及相应措施，即便是传统能源十分充裕的澳大利亚、加拿大和中东地区的国家，也出台了鼓励可再生能源发展的相关政策，以减少对化石能源的依赖。项目组对世界主要国家的可再生能源发展目标、重点领域及激励措施进行了梳理，具体如表 2 - 3 所示。

表 2 - 3 　　　　　　　世界主要国家（地区）可再生能源的
发展目标、重点领域及激励措施

国家 （地区）	可再生能源发展目标	重点领域和激励措施
欧盟	到 2020 年、2030 年、2050 年，可再生能源占能源消费总量的比重分别达到 20%、27% 和 50%	积极推进风能、太阳能、生物质能与智能电网的发展；实施碳排放权交易（ETS）
英国	到 2020 年，可再生能源占能源消费总量的比重达到 15%，其中 40% 的电力来自绿色能源	积极发展风电和生物质能发电，推广智能电表和需求侧响应技术；实行可再生能源发电差价合约（CFD）
德国	到 2020 年、2030 年、2040 年、2050 年，可再生能源占能源消费总量的比重分别达到 18%、30%、45% 和 60%；可再生能源电力占电力总消费的比重分别达到 35%、50%、65% 和 80%	积极发展风电、光伏发电和储能技术，扩建输电线路，扩大能源储存能力；实行可再生能源固定上网电价（FIT）和溢价补贴（FIP）
丹麦	到 2020 年，可再生能源占能源消费总量的比重达到 35%；到 2050 年，完全摆脱化石能源消费	积极发展风电、绿色供暖技术和智能电网；推动可再生能源在建筑、工业和交通领域的应用
中国	到 2020 年和 2030 年，非化石能源占一次能源的比重分别达到 15% 和 20%	积极发展水电、风电、太阳能发电、可再生热利用和生物质燃料；实行新能源发电的固定上网电价及电价补贴政策

资料来源：国家可再生能源中心，国际可再生能源发展报告（2018）。

2.1.2　世界典型国家（地区）可再生能源利用现状

多年来，欧洲一直致力于建设一个清洁、低碳和可持续发展的能源体系，是引领世界实现能源系统转型的先锋。在颇有远见的发展战略指引下，欧盟可再生能源的发展一直走在世界的前列。下面，我们重点介绍欧盟及欧洲主要国家的可再生能源利用现状，希望能对中国可再生能源的发展提供借鉴和启示。

1. 欧盟

自 2008 年世界金融危机以来，欧盟经济一直处于低迷状态，受其影响，能源消费也在低位徘徊。自 2014 年以来，随着经济的复苏，欧盟的能源消费总量开始小幅回升。

如图 2 - 2 所示，2019 年欧盟的能源消费总量达到 16.43 亿吨油当量，比 2018 年减少 0.24 亿吨油当量，各种能源类型的消费情况分别为：石油最高，6.3 亿吨油当量（38.3%）；天然气第二，4.04 亿吨油当量（24.6%）；可再生能源第三，2.5 亿吨油当量（15.2%）；煤炭第四，1.84 亿吨油当量（11.2%）；核能第五，1.75 亿吨油当量（10.65%）。从图中还可以看出，在欧盟的能源消费总量中，可再生能源的占比近年来一直在稳步上升，从 2007 年占比 6.4% 的基础上实现了翻番；与之相比，煤炭和核能的占比在稳步下降；石油和天然气的占比则基本保持稳定。

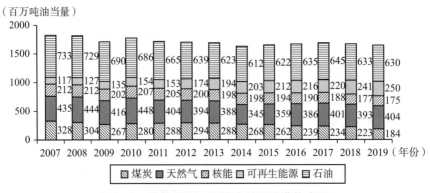

（百万吨油当量）

图 2 - 2　欧盟 2007 ~ 2019 年能源消费构成图

注：此图数据根据《BP 能源统计年鉴》（2008 ~ 2020）整理得到。

可再生能源在欧盟发电行业中的应用比例最高，其次是供热行业，处于第三位的是交通运输行业。自 2010 年以来，可再生能源在这三个行业的应用比例逐年上升，到 2019 年，可再生能源在这三个行业能源消耗总量的占比分别达到 34.2%、20.6% 和 8.9%，具体数据如图 2 - 3 所示。

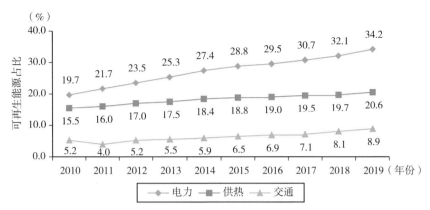

图 2 - 3　欧盟主要行业的可再生能源占比（2010～2019 年）
资料来源：Eurostat 数据库。

2. 德国

德国长期在欧元区扮演经济增长火车头的角色。德国的能源消费总量在 2006 年达到峰值，为 4.97 亿吨标准煤。此后，随着提升能效战略的实施，能源消费总量逐年减少。

从能源消费结构来看，德国近年来可再生能源的发展势头良好。截至 2018 年，可再生能源在社会能源消费总量中的占比达到 14%。不过，受国内资源禀赋的制约，德国的能源消费结构仍然以化石能源为主。2018 年，化石能源在德国一次能源消费中的占比接近 80%，具体数据如图 2 - 4 所示。

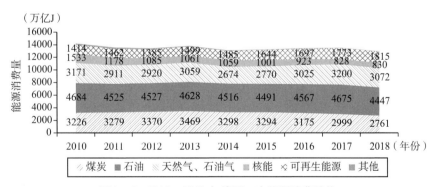

图 2 - 4　2010～2018 年德国一次能源消费结构
资料来源：德国联邦经济与能源部。

可再生能源在德国发电行业中的应用比例最高，其次是供暖行业，第三是交通领域，具体数据如图 2 – 5 所示。从图 2 – 5 可以看出：自 2010 年起，可再生能源在德国电力行业的占比逐年递增，到 2019 年，可再生能源在发电结构中的比重达到 40.8%。可再生能源在供暖行业和交通领域的占比在 2010～2019 年几乎保持停滞状态，交通领域的可再生能源利用水平甚至有所下降。到 2019 年，供热行业和交通行业的可再生能源占比分别为 14.6% 和 7.7%。

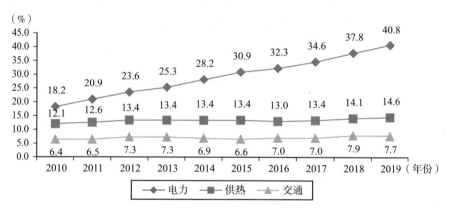

图 2 –5　德国主要行业的可再生能源占比（2010～2019 年）

资料来源：Eurostat 数据库。

3. 英国

英国是世界上最先掀起能源革命的国家之一，非常重视可再生能源的发展。进入 21 世纪以来，英国的能源消费总量、能源消耗强度和二氧化碳排放总量等指标都保持明显的下降趋势。

从能源消费结构来看，英国煤炭的消费量逐年递减，而可再生能源在整个能源结构中的比重逐年提升。2014 年，可再生能源首次超过核能成为继天然气和石油之后的英国第三大能源。2020 年，英国可再生能源的消费总量达到 1950 万吨标准油，占一次能源消费总量的比重达到 10.4%。英国 2010～2020 年一次能源消费结构的具体情况如图 2 – 6 所示。

可再生能源在英国发电行业的应用比例最高，其次是供热行业和交通行业，具体数据如图 2 – 7 所示。从图中我们可以明显看出：自 2010 年起，可再生能源在电力、交通和供热行业的应用比例逐步上升，到 2019 年，可再生能源在这三个行业能源消耗总量中所占的比重分别达到了

34.8%、8.9 和 7.8%。其中，电力行业的可再生能源占比提升最大，比 2010 年提高了 26.7%；交通行业的可再生能源占比从 2017 年后也加速上升，目前已超过供热行业。

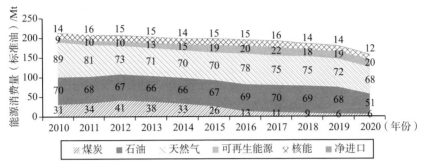

图 2-6 2010~2020 年英国一次能源消费结构

资料来源：英国商务、能源与工业战略部（BEIS）。

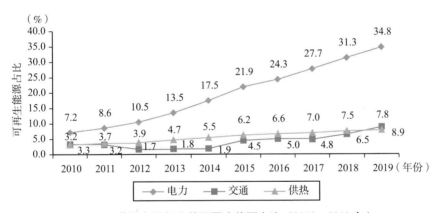

图 2-7 英国主要行业的可再生能源占比（2010~2019 年）

资料来源：Eurostat 数据库。

4. 丹麦

地处欧洲大陆西北端的日德兰半岛丹麦，也是全球推动可再生能源发展的重要力量。作为欧盟最早的成员国之一，丹麦多年来一直致力于推动能源转型革命，并在全球率先提出到 2050 年实现 100% 可再生能源的发展目标。这是欧盟内部第一个制订可再生能源宏伟发展目标的国家。进入 21世纪，丹麦经济与能源逐渐脱钩，呈现相背离的增长态势。2000~2019

年,丹麦能源强度大幅下降了60%,在满足国内生产总值上涨1倍多的前提下,一次能源消费总量和温室气体排放量分别减少14%和38%。丹麦能源署研究发现,制造业迁出对于降低丹麦总体能耗并减少温室气体排放的作用有限,而以热电联产和区域供暖为主的能效提升以及高比例的可再生能源的利用起到根本性的作用。

近年来,在能源消费总量下降的同时,丹麦的一次能源消费结构也发生了根本性的变化。自从2013年超过天然气后,可再生能源已经稳居丹麦第二大能源品种,2019年占一次能源消费总量的比重达35%。与此相反,丹麦的煤炭消费量大幅下降,从2000年的480万吨标准油降低到2019年的90万吨标准油。丹麦2010~2019年一次能源消费结构如图2-8所示。

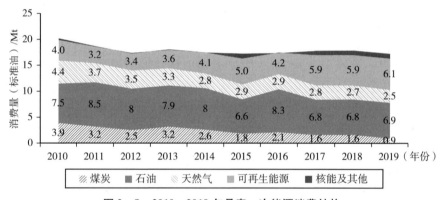

图2-8 2010~2019年丹麦一次能源消费结构

资料来源:丹麦能源署 *Preliminary Energy Statistics* 2019。

近年来,丹麦的可再生能源发展状况良好。除了交通领域外,电力和供热行业均在2016年就提前完成了原来所设定的2020年可再生能源发展目标。2019年,在风电和光伏发电迅猛发展的带动下,可再生能源发电量达到丹麦全年发电总量的65.4%;其中风力发电在可再生能源发电中所占比重最高,增长速度也很快,从2010年的20.5%提升到2019年的45.2%;太阳能光伏发电也保持较快的发展速度,从2010年的3.4%提升到2019年的7.8%;生物质作为丹麦开发利用规模最大的可再生能源之一,近年来发展较慢,不过仍然还保持在第二大可再生能源的位置。具体数据如图2-9所示。

图 2-9　丹麦可再生能源发电量占比（2010~2019 年）

资料来源：丹麦能源署 *Preliminary Energy Statistics* 2019。

5. 美国

美国是世界第一经济强国，能源消费量居世界第二。在奥巴马执政期间，美国政府大力发展清洁能源，但是在 2017 年特朗普执政后，能源政策发生了巨大转变，从以清洁能源为重点转向以化石能源为中心。不过美国是一个联邦制国家，联邦政府只负责联邦级的能源政策制定，而各州政府具有很强的独立性，它们独立负责各自的可再生能源政策、战略和规划。面对特朗普政府以化石能源为核心的保守做法，美国许多州政府纷纷表示，将继续发展低碳能源，并推动落实《巴黎气候协议》。

根据美国能源信息署（EIA）的统计，2020 年，美国一次能源消费量 9.28×10^{16} BTU（折合 33.4 亿吨标准煤），其中化石能源占比大约 78.6%，可再生能源占比 12.5%，核电占比 8.9%。2010~2017 年，美国化石能源，尤其是煤炭的消费比例稳步下降。受特朗普鼓励化石能源政策的影响，2018 年美国化石能源在整个能源消费结构中的占比大幅上升。尽管如此，可再生能源的消费比例一直在增加。2010~2020 年，美国不同类型一次能源的消费情况如图 2-10 所示。

美国的可再生能源主要应用在电力领域，并且呈现逐年上升的趋势，而交通部门是缓慢上升的，供热部门最近几年比较平缓，没有发生太大的波动。2020 年电力部门的可再生能源占比达到 42.5%，显著高于供热和交通两部门的 3.8% 和 5.2%，具体数据如图 2-11 所示。

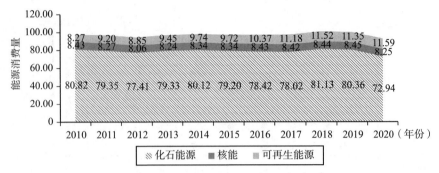

图 2 - 10　2010 ~ 2020 年美国一次能源消费结构

资料来源：美国能源信息署（EIA）。

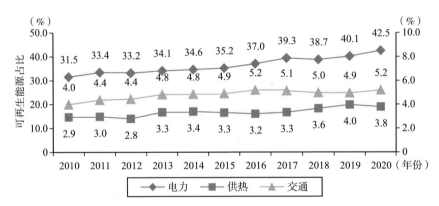

图 2 - 11　美国主要行业的可再生能源占比（2010 ~ 2020 年）

资料来源：美国能源信息署（EIA）。

2.1.3　世界可再生能源发展潜力分析

随着世界经济的不断发展，近年来世界各国人民（包括发展中国人民）的生活得到持续改善。但是，在广大的发展中国家，尚有大量的民众得不到基本的电力和能源保障。2017 年，全球约 9.92 亿人（占世界人口的 13%）缺乏电力供应；大约 27 亿人（36% 的全球人口和 46% 的发展中国家人口）生活在没有清洁能源供应的环境中。

当前，世界上绝大多数无法获得有效能源供应的人都生活在非洲和亚太地区，其中大多数生活在农村地区。分布式可再生能源系统，如微型电网和离网能源技术，是在农村和偏远地区提供电力接入的最具成本效益的手段。然而，还没有一个适合所有人的解决方案，可以将现代能源服务带给需要它们的广大民众。生物质、沼气或乙醇等可再生能源，都可以为广大农村居民提供清洁的烹饪能源。不过，这些技术都要根据当地的实际情况来开发和利用，需要考虑现有的基础设施、有利的环境和市场准备等因素。

国际上的研究机构普遍认为，受全球碳减排目标制约和可再生能源成本持续下降的双重驱动，可再生能源将会在未来能源系统中扮演越来越重要的地位。

在国际能源署（IEA）每年发布的《世界能源展望》中，对未来可再生能源在全球能源消费总量中占比的预期逐年增加。与《世界能源展望2019》相比，IEA 在《世界能源展望 2020》里，进一步调高了可再生能源在未来能源系统中的比重。IEA 认为，随着可再生能源成本的下降、化石能源成本的上升以及欧洲降碳目标的提升，可再生能源在 2030～2040年会比原来预测的发展速度更快。另外，由于新冠疫情使未来全球能源需求的增长下降，将会进一步提高可再生能源在未来能源系统中的比重。

BP 公司自 2011 年起，每年发布《BP 世界能源展望》，对世界能源市场的未来进行预测分析。通过对比 2016～2018 年《BP 世界能源展望》的数据，可以发现可再生能源在其预测的未来能源系统中的地位也越来越重要。这充分说明即使传统的能源公司对可再生能源在未来能源系统中的作用高度重视，也显示出可再生能源未来发展的潜力，如图 2－12 所示。

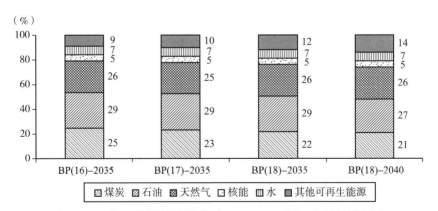

图 2－12　《BP 世界能源展望》（2016～2018 年）对世界能源消费
结构（2035 年、2040 年）的预测

《BP世界能源展望2020》认为，未来能源需求的增长将主要由可再生能源来满足。它预计：到2050年，按照快速模式，非水可再生能源在全球一次能源中的比重将超过40%；按照零碳模式，非水可再生能源在一次能源中的比重将超过60%。2018年，非水可再生能源在全球一次能源中的比重只有5%，未来还有广阔的发展空间。

2.2　中国可再生能源利用现状及发展潜力

2.2.1　中国可再生能源资源状况

中国幅员辽阔，不仅具有丰富的可再生能源资源，而且土地条件也为开发可再生资源创造了得天独厚的条件。

1. 太阳能资源

我国的太阳能资源丰富，占全国国土面积2/3以上的地区年日照时间在2200小时以上，每年接收的太阳辐射能量折合17000亿吨标准煤以上。新疆南部、甘肃、青海、内蒙古西部和西藏大部分地区都处于太阳能资源极其丰富地带，太阳能辐射量超过1750kWh/（m^2a）（罗国亮，2019）。依据全年所接受太阳能辐射量的多少，国家气象局风能太阳能评估中心将中国的国土大致划分为四类地区，具体如表2-4所示。

表2-4　　　　　　　　全国太阳能辐射量分布地区情况表

类型	年接受辐射量 （MJ/m^2）	年接受辐射量 折合标准煤 （kg）	主要地区	备注
一类	6700~8370	230~285	青藏高原、新疆南部、甘肃北部、宁夏北部、河北西北部、山西北部、内蒙古南部、宁夏南部、甘肃中部、青海东部、西藏东南部等地	太阳能资源最丰富
二类	5400~6700	180~230	新疆北部、甘肃东南部、山西南部、陕西北部、河北东南部、山东、河南、吉林、辽宁、云南、广东南部、福建南部、江苏中北部和安徽北部等地	太阳能资源较丰富

类型	年接受辐射量（MJ/m^2）	年接受辐射量折合标准煤（kg）	主要地区	备注
三类	4200 ~ 5400	140 ~ 180	长江中下游、浙江、福建和广东的一部分地区	太阳能资源中等
四类	4200 以下	140 以下	贵州、四川和重庆	太阳能资源较差

资料来源：国家气象局风能太阳能评估中心。

我国太阳能资源丰富或较丰富的第一、二类地区，年日照小时数基本都在 2000 小时以上，辐射总量高于 5400MJ/m^2，约占全国总面积的 2/3 以上，具有利用太阳能的良好条件。第三类地区虽然太阳能资源条件中等，不过仍然有一定的利用价值。

另外，我国农村地区土地辽阔、可利用的土地众多，农村居民的屋顶面积也非常可观，这为农村地区开发利用太阳能提供了充足的资源保障。

2. 风能资源

中国地处亚欧大陆东部，东临太平洋，冬夏两季季风强盛，季风气候明显。

冬季风主要是来自西伯利亚和蒙古国等中高纬度内陆地区的西北风。每年冬季，当高纬度地区的冷空气积累到一定程度，就会在高空环流的引导下，自西北向东南快速移动，俗称寒潮。在这股强冷空气的控制和影响下，寒冷干燥的西北风会频频侵袭我国的西北、东北和华北的广大地区。

夏季风主要是来自太平洋的东南风和来自印度洋、南海的西南风。东南季风风速大、影响范围广，影响范围遍及我国东部的大多数地区；西南季风则主要影响我国南部沿海和西南各省，但风速和影响区域远不及东南季风大。

根据中国气象局近年来的评估结果，我国的风能资源丰富，总量为 32 亿 kW 左右。其中，风能资源丰富的地区主要分布在"三北"地区——即西北、华北、东北、华东地区和东南沿海风能资源丰富带，相关省市的风能资源分布情况如表 2 - 5 所示。

表 2 − 5 　　　　　　　　　中国风能资源分布情况表

省份	理论蕴藏量（10^7 kW）	实际可开发量（10^7 kW）	单位面积储量（kW/km²）
北京、天津、河北	7.7943	0.6119	357.87
山西	4.9308	0.3871	328.72
内蒙古	78.6940	6.1775	695.48
辽宁	7.7166	0.6058	514.44
吉林	8.1215	0.6375	451.19
黑龙江	21.9467	1.7228	477.10
上海	—	—	—
江苏	3.0264	0.2376	286.05
浙江	2.0828	0.1635	208.28
安徽	3.1914	0.2505	245.49
福建	1.7474	0.1372	145.62
江西	3.7313	0.2929	233.21
山东	5.0139	0.3936	334.26
河南	4.6821	0.3675	292.63
湖北	2.4550	0.1927	136.39
湖南	3.1403	0.2465	149.54
广东	2.4845	0.1950	138.23
广西	2.1415	0.1681	93.110
海南	0.8154	0.0640	239.82
重庆、四川	5.5514	0.4358	99.130
贵州	1.2814	0.1006	75.380
云南	4.6705	0.3666	122.91
西藏	52.0322	4.0845	423.88
陕西	2.9840	0.2342	157.05
甘肃	14.5607	1.1430	373.35
青海	30.8455	2.4214	428.41
宁夏	1.8902	0.1484	286.39
新疆	43.7329	3.4330	273.33
合计	322.6001	25.3000	—

资料来源：国家气象局风能太阳能评估中心。

中国目前的风能项目主要以大规模的风电场为主，不过欧洲现在也有很多单个风机的风力发电项目，适合在广大的农村地区发展。

3. 生物质能资源

我国生物质能资源丰富而且种类繁多，其中主要有农作物秸秆、农产品加工剩余物、林木采伐及森林抚育剩余物、木材加工剩余物以及畜禽粪便等。其中属农村地区的生物质能资源分布最为广泛。据统计 2016 年，全国农作物秸秆年产生量约为 8 亿吨，其中除部分作为畜牧饲料和造纸原料外，大约还有 3.4 亿吨可作为燃料使用。林业废弃物每年大约有 9 亿吨，其中大约 3.5 亿吨可作为能源利用。畜禽粪便理论上可年产沼气约 800 亿立方米（罗国亮，2019）。

（1）农作物秸秆及农产品加工剩余物。我国作为农业大国，除了每年能产出数量巨大的粮食作物之外，也会产生大量的秸秆资源，而农作物秸秆是生物质能的一个重要来源。表 2-6 列出了中国 2017 年全国主要粮食作物的产量。

表 2-6	2017 年全国主要粮食作物的产量			单位：万吨	
省份	稻谷	小麦	玉米	大豆	马铃薯
北京	0.1	6.2	33.2	0.5	—
天津	26.3	62.4	119.3	0.8	0.6
河北	50.4	1504.1	2035.5	17.1	102.7
山西	0.5	232.4	977.9	17.1	40.9
内蒙古	85.2	189.1	2497.4	162.6	137.5
辽宁	422.0	1.3	1789.4	19.3	39.5
吉林	684.4	0.1	3250.8	50.2	41.7
黑龙江	2819.3	38.1	3703.1	689.4	80.0
上海	85.6	10.2	2.1	0.2	—
江苏	1892.6	1295.5	318.1	45.0	—
浙江	444.9	41.9	23.0	20.4	18.7
安徽	1647.5	1644.5	610.7	94.0	1.4
福建	393.2	0.1	11.4	7.8	18.8
江西	2126.1	3.1	15.4	25.2	19.3

续表

省份	稻谷	小麦	玉米	大豆	马铃薯
山东	90.1	2495.1	2662.2	32.1	—
河南	485.2	3705.2	2170.1	50.4	—
湖北	1927.2	426.9	356.7	34.3	64.9
湖南	2740.4	9.6	199.2	23.2	31.3
广东	1046.3	0.1	54.6	8.5	25.0
广西	1019.8	0.5	271.6	15.3	13.8
海南	123.2	—	—	0.7	0.0
重庆	487.0	9.8	252.6	19.5	117.6
四川	1473.3	251.6	1068.0	85.9	283.8
贵州	448.8	41.2	441.2	19.3	231.7
云南	529.2	73.7	912.9	43.5	145.4
西藏	0.5	21.9	3.0	2.0	0.5
陕西	80.6	406.4	551.1	23.9	79.6
甘肃	2.9	269.7	576.7	9.3	191.4
青海	—	42.3	12.2	—	34.8
宁夏	68.8	37.8	214.9	0.7	35.2
新疆	65.5	612.6	772.6	10.2	13.6
全国总计	21267.6	13433.4	25907.1	1528.2	1769.6

资料来源:《中国农业年鉴2018》。

农作物类型的不同,谷草比上也有差异,其具体用途也各不相同,最终能够用作能源使用的比例也不一样。表2-7列出了一些常见农作物的谷草比及其用途比例。

表2-7　　　　常见农作物的谷草比及其用途比例

作物类型	草谷比(kg/kg)	还田比例(%)	饲料比例(%)	工业比例(%)	燃烧比例(%)	剩余比例(%)
稻谷	1.0	25	15	2	25	33
小麦	1.0	35	5	30	15	15
玉米	2.0	10	30	0	40	20

作物类型	草谷比 （kg/kg）	还田比例 （%）	饲料比例 （%）	工业比例 （%）	燃烧比例 （%）	剩余比例 （%）
豆类	1.5	3	0	0	40	57
薯类	1.0	3	5	0	10	82
花生	2.0					
油料	2.0	2	0	0	40	58
高粱	1.0					
棉花	3.0	2	0	5	25	68
杂粮	1.0					
麻类	1.0					
糖类	0.1					
其他	1					

包括稻谷、小麦、玉米、棉花、油料作物秸秆在内，我国农作物秸秆的理论资源量每年在 8.2 亿吨左右，可收集的资源量每年大约 6.9 亿吨。目前，作为肥料、饲料、食用菌基料以及造纸等用途的每年共计大约 3.5 亿吨，可供能源化利用的秸秆资源量每年约 3.4 亿吨。另外，稻谷壳、甘蔗渣等农产品加工剩余物每年约 1.2 亿吨，可供能源化利用的资源量每年约 6000 万吨。

（2）林业剩余物和能源植物。林业剩余物和能源植物也是生物质能的重要来源之一。林业剩余物的资源量与林木的类型和地理分布有很大的关系。中国的林业资源分布情况如表 2-8 所示。

表 2-8 　　　　　　　2016 年中国分地区林业资源统计　　　　　　　单位：千公顷

省份	用材林	经济林	防护林
北京	0	0	10
天津	0	0	0
河北	1	0	4
山西	0	31	48
内蒙古	9	15	492

省份	用材林	经济林	防护林
辽宁	0	0	0
吉林	39	9	41
黑龙江	275	0	283
上海	1	0	0
江苏	5	7	15
浙江	2	4	9
安徽	23	30	37
福建	5	4	2
江西	39	29	26
山东	21	28	43
河南	26	18	90
湖北	79	50	92
湖南	147	45	142
广东	0	1	0
广西	51	33	18
海南	1	2	5
重庆	0	0	0
四川	0	0	0
贵州	0	0	0
云南	67	195	45
西藏	0	5	68
陕西	8	63	172
甘肃	220	2	63
青海	0	0	3
宁夏	0	9	74
新疆	8	1	216
军事管理区	0	0	0
全国总计	1027	581	1998

资料来源:《中国农垦统计年鉴2017》。

林业废弃物的资源量不仅与林木的类型有关，林木的生长环境也会对其产生影响，具体情况如表 2-9 所示。

表 2-9 不同类型林木的产柴率

林种	南方地区		平原地区		北方地区	
	取柴系数	产柴率/(kg/km²)	取柴系数	产柴率/(kg/km²)	取柴系数	产柴率/(kg/km²)
薪炭林	1.0	7500	1.0	7500	1.0	3750
用材林	0.5	750	0.7	750	0.2	600
防护林	0.2	375	0.5	375	0.2	375
灌木林	0.5	750	0.7	750	0.3	750
疏林	0.5	1200	0.7	1200	0.3	1200

资料来源：《中国农业年鉴 2018》。

可供能源化利用的主要是薪炭林、林业"三剩物"、木材加工剩余物等，每年约 3.5 亿吨。在中国，适合人工种植的能源作物（植物）大约有 30 多种，包括油棕、小桐子、光皮树、文冠果、黄连木、乌桕、甜高粱等，其资源潜力可满足年产 5000 万吨生物液体燃料的原料需求。

（3）畜禽粪便。畜禽粪便也是生物质能的使用范围之一。将不同种类畜禽的单位粪便排泄量乘以畜禽的饲养数量，即可得出其粪便排放总量，再结合粪便的沼气生成因子就可以得到能够生产的沼气量。表 2-10 给出了中国 2015 年、2016 年和 2017 年三年主要畜禽的存栏量。

表 2-10 近年来中国主要畜禽的存栏量

年份	猪存栏（万头）	牛存栏（万头）	羊存栏（万只）	家禽存栏（亿只）
2015	45113	10817	31100	59
2016	44209	8835	29931	61.7
2017	44159	9039	30232	60.5

资料来源：《中国农业年鉴 2018》。

表 2-11 列出了主要畜禽的粪便产量及能效因子的情况。

表 2 –11 主要畜禽粪便产量及能效因子

畜禽类别	日排粪量（千克）	饲养周期（天）	年排粪量（万吨）	沼气生成因子
牛	24.3	365	95941	0.86
猪	2.0	179	184	0.69
鸡	0.12	59	5256	0.54
鸭	0.11	108	3935	—

资料来源：《中国农业年鉴 2018》。

包括猪、牛、羊、鸡、鸭等在内的畜禽，每年产生的粪便总量大约在105316 万吨，折合标准煤 3511 万吨，其中可能源化利用的畜禽粪便总量每年大约为 2920 万吨，还有 591 万吨左右的畜禽粪便量可供其他用途使用。

2.2.2 中国可再生能源利用现状

近年来，随着我国能源转型进程的加快，可再生能源产业保持着持续、快速发展。到 2020 年底，我国商品化可再生能源的供应总量折合 6.8亿吨标准煤，在全部能源消费中的占比达到 12.9% 左右。与可再生能源"十三五"规划设定的 2020 年发展目标相比，光伏发电、风电、生物质发电和水电的装机规模均已经超额完成；生物质液体燃料的发展进度与规划基本相符。截至 2020 年底，中国各类可再生能源技术具体发展情况如表 2 –12 所示：

表 2 –12 可再生能源发展"十三五"规划 2020 年完成情况

技术类型	利用规模			年产量		
	单位	规划目标	2020 年情况	单位	规划目标	2020 年情况
发电	亿千瓦	6.75	9.34	亿千瓦时	1.90	2.20
水电（不含抽水蓄能）	亿千瓦	3.40	3.70	亿千瓦时	1.25	11649
并网风电	亿千瓦	2.10	2.80	亿千瓦时	0.42	3057
太阳能发电	亿千瓦	1.05	2.50	亿千瓦时	0.12	1182
生物质发电	亿千瓦	0.15	0.29	亿千瓦时	0.02	—

技术类型	利用规模			年产量		
	单位	规划目标	2020 年情况	单位	规划目标	2020 年情况
热利用						
太阳能热水器	亿平方米	80000	47800 *			
地热能热利用	亿平方米	160000	—			
生物质能供热	亿吨标煤	1500	—			
生物液体燃料						
生物燃料乙醇	万吨	400	260 *			
生物柴油	万吨	200	60 *			

资料来源：根据《中国可再生能源产业发展报告 2018》和国家能源局网站整理，其中，标 * 部分是 2017 年的数据。

2.2.3 中国可再生能源发展潜力分析

国家发展改革委和能源局在 2016 年出台的《能源生产和消费革命战略（2016～2030）》中指出：到 2020 年，我国能源消费总量要控制在 50 亿吨标准煤，其中非化石能源在能源消费总量中的占比达到 15%；到 2030 年，我国能源消费总量要控制在 60 亿吨标准煤，其中非化石能源在能源消费总量中的占比达到 20%（沈鹏，2019）。因此，大力发展可再生能源、提高能源的清洁化水平必将是中国未来长期坚持的能源战略。

我们认为，中国可再生能源未来的发展将体现出以下趋势：

（1）随着技术的进步，可再生能源技术的利用成本将进一步下降，风电和太阳能在实现平价上网的基础上，价格会进一步下降。

（2）可再生能源发电将保持迅猛发展，分布式的可再生能源发电技术将引领未来智慧能源的发展，成为未来能源转型的核心力量。

（3）可再生能源供热会快速发展，预计将为中国北方地区冬季的清洁供暖事业做出更大的贡献。

2.3 中国农村可再生能源利用现状及发展潜力

考虑到中国农村的资源禀赋和技术发展状况，本报告主要对当前农村地区利用较多的生物质能、分布式光伏发电和太阳能热利用这三类可再生能源技术的利用现状及发展潜力进行分析。

2.3.1 中国农村可再生能源发展现状

1. 生物质能发展现状

农村地区拥有丰富的生物质资源，主要包括农作物秸秆、农产品加工剩余物、果木枝条和畜禽养殖剩余物等。由于生物质资源的种类繁多，它们的利用方式也各不相同。沼气、生物质颗粒和秸秆气化是当前农村生物质能利用的主要方式。

根据《全国农村沼气发展"十三五"规划》的数据，到 2015 年底，全国农村户用沼气数量 4193.3 万立方米，受益人口达到 2 亿人。建设各种类型沼气工程 110975 处，其中，中小型沼气工程 103898 处，大型沼气工程 6737 处，特大型沼气工程 34 处。这些沼气工程中，有 110517 处以养殖畜禽粪污为原料，占已建成工程总数的 99.6%；另外有 458 处工程以秸秆为主要原料。全国农村沼气工程的总池容达到 1892.58 万立方米，每年可产沼气 22.25 亿立方米，共为 209.18 万用户提供沼气燃料。沼气的发展不仅处理了农村养殖造成的畜禽粪污，还为农村居民提供了清洁的燃料。

另外，截至 2017 年底，全国共建成秸秆固化成型示范工程 1365 处，年产生物质颗粒燃料近 523 万吨；已建成秸秆沼气集中供气工程 454 处，向农村居民供气 7.49 万户；建成秸秆热解气化工程 800 余处，可以向 9.8 万余户居民提供燃气；建成秸秆炭化工程 106 处，年产秸秆炭 28 万余吨。在实际应用中，秸秆固化成型技术相对成熟，生物质颗粒燃料的产量相对稳定，但是生产的颗粒燃料主要供给城市用户和生物质电厂使用，农村当地用户使用较少，这提高了生物质颗粒燃料的运输成本，降低了其市场竞争力。对生物质气化项目来说，原料的收集、运输、供应以及设备维护的工作量大而供气不稳定是其主要问题。

2. 分布式光伏发展现状

随着光伏组件价格的下降，并在中国各级政府财政补贴的助力下，光伏发电产业近年来在中国得到快速发展。尤其是在 2015 年，国务院扶贫办将光伏扶贫纳入"十大精准扶贫工程"后，由于有政府和电网公司的一系列优惠政策，分布式光伏在农村地区的发展势头更是迅猛。根据国家能源局的最初规划，"十三五"时期，我国光伏扶贫装机规模将达 15GW。

然而，随着光伏扶贫项目范围的扩展，单户装机规模的扩大，2017~2020年，每年新增光伏扶贫项目装机大约8GW，总装机规模将达到30GW以上，远远超过当初的预期。光伏扶贫项目也成为推动国内光伏（特别是分布式光伏）装机高速增长的重要引擎。据国家能源局统计，截至2020年，全国分布式光伏装机容量达到7815万千瓦，同比增长24.8%（具体数据如图2－13所示）①。

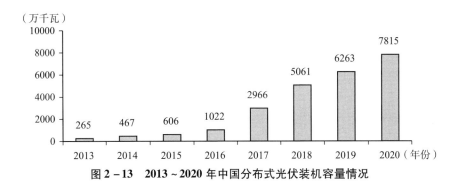

（万千瓦）

图 2－13 2013~2020 年中国分布式光伏装机容量情况

我们预计，随着政府光伏补贴的逐渐退出，中国的分布式光伏安装今后会进入一段理性发展的时期。但是，随着人们环保意识的增强和光伏组件价格的进一步下降，分布式光伏在农村地区的应用会愈加广泛，未来发展空间依然广阔。

3. 太阳能热利用发展现状

太阳能热利用包括太阳能热发电、太阳能热水和太阳能供暖三大类型。其中，太阳能热水和太阳能供暖在农村地区具有广阔的发展空间。

（1）太阳能热水。借助于2008年开始实施的家电下乡政策，中国的广大农村逐渐建立起太阳能热水器的销售和售后服务体系，这极大地促进了太阳能热水器在中国农村的普及和发展。不过，随着2012年太阳能热水器逐渐退出家电下乡补贴范围，太阳能热水器在农村地区的发展速度逐渐下降。特别是近年来一些热水器厂家出于控制经营成本的考虑，减少了对农村地区售后服务网点的支持力度。农村地区缺乏售后服务网点造成品牌热水器出现故障无法得到及时维修，这影响了农户的使用效果，进一步影响了太阳能热水器在农村地区的继续发展。不过，一些农村地区小厂生产

---

① 国家能源局：2021 年一季度光伏发电建设运行情况。

的太阳能热水器反倒由于价格便宜、售后及时在很多地方得到很好的口碑。

（2）太阳能供暖。太阳能供暖在国内刚起步，主要以辅助供暖形式存在，目前仅在河北和北京开展了一些示范工程，供暖面积较小。太阳能供暖项目面临的主要问题可以概括如下：

①缺乏统一的标准体系。如在系统设计、工程建设以及辅助能源的配备等方面没有可遵循的统一标准。这一方面影响了工程的使用效果；另一方面也给假冒伪劣产品提供了生存空间，进一步影响了太阳能供暖工程的发展。

②初期投资较高。太阳能采暖工程投资约在 300 ~ 400 元/平方米，一座 100 平方米的典型农村住房需要 3 万 ~ 4 万元的初期投资，高于其他常规供暖设施，居民一次性投入大，影响了农民的使用积极性。

③厂家配套服务不到位。在缺乏维护服务和技术指导的情况下，农民无法对设备进行良好的管理和使用，影响了项目的使用效果。

2.3.2　中国农村可再生能源发展潜力

虽然近年来可再生能源在中国农村得到了长足的发展，但是与发展潜能相比，还远远不够，未来还有很大的发展空间。

1. 生物质能发展潜力

农村地区尚有大量的生物质能资源未得到开发利用，未来发展潜力巨大。据测算，中国每年可利用的生物质能资源可折合 42800 万吨标准煤，已开发利用的只有 1000 万吨标准煤，尚有高达 41130 万吨标准煤的资源量没有得到开发利用。其中，林业加工剩余物可利用资源量最大，折合 20000 万吨标准煤，剩余可利用资源量折合 19830 万吨标准煤；农作物秸秆次之，可利用资源量为 17000 万吨标准煤，剩余可利用资源量折合 1.66亿吨标准煤；另外，农产品加工剩余物和畜禽粪便还有 2900 万吨和 1800万吨标准煤的剩余可利用量。具体数据如表 2 - 13 所示。

表 2 - 13　　　　　　中国农村生物质能的利用潜力　　　　　　单位：万吨

资源	可利用量		已利用量		剩余可利用量	
	实物量	折标煤量	实物量	折标煤量	实物量	折标煤量
农作物秸秆	34000	17000	800	400	33200	16600
农产品加工剩余物	6000	3000	200	100	5800	2900

资源	可利用量		已利用量		剩余可利用量	
	实物量	折标煤量	实物量	折标煤量	实物量	折标煤量
林业加工剩余物	35000	20000	300	170	34700	19830
畜禽粪便	84000	2800	30000	1000	54000	1800
合计		42800		1670		41130

资料来源:《中国散煤治理调研报告 2018》。

生物质供热未来在农村具有广阔的发展空间。农村地区经济发展水平较低、居民建筑分布分散,这制约了集中供暖的发展,而燃烧散煤的小锅炉、小火炉热效率差、环境污染严重。虽然近年来国家在京津冀及周边地区开展了"煤改电""煤改气"的散煤治理行动,但是受燃气和电力供应以及运行成本的制约,应用的持久性受到质疑。从可持续发展的角度出发,在农村地区发展可再生能源取代散煤供暖,既可以使当地的生物质资源得到充分利用、增加农民收入,还可以减少污染,改善农村环境质量。2017 年 12 月,国家发展改革委等十部委联合发布了《北方地区冬季清洁取暖规划(2017~2021 年)》,明确提出:为了提高北方地区取暖的清洁化水平、减少大气污染物排放,要加快发展生物质能清洁供暖。规划要求,到 2021 年,实现农林生物质热电联产供暖面积 10 亿平方米,可再生能源供暖面积 5 亿平方米,生物燃气及其他生物质气化供暖面积超过 1 亿平方米。

2. 分布式光伏发展潜力

农村地区多是单层或者多层建筑,屋顶可利用面积大,有安装太阳能电池板的广阔空间。另外,农村地区用能分散,通常都处于电力网络的末端、输电成本较高。如果在农村发展分布式光伏发电系统,并将生产的电力就地消化,不仅可以增加农民收入,还可以降低电网的输电成本。随着光伏组件成本的不断下降,未来分布式光伏在农村地区具有非常大的发展潜力。

国家可再生能源中心在综合城镇化速度、年新增建筑面积和可利用建筑面积等因素的基础上估算:到 2020 年,我国建筑总面积有望达到 714.1 亿平方米,其中村镇房屋建筑面积可达 328.7 亿平方米。可用于安装分布式光伏系统的建筑屋面面积可达到 123 亿平方米,其中农村地区可用于安装分布式光伏系统的屋面面积达 96.3 亿平方米,约占可利用总面积的

90%（国家可再生能源中心，2018）。清华大学能源互联网创新研究院在《2035 全民光伏发展研究报告》中指出，即使按照基本的开发强度，到2030 年，建筑光伏一体化项目装机容量也有望达到 1.67 亿千瓦，其中一半以上将安装在农村地区。

3. 太阳能热利用发展潜力

太阳能热利用作为当前可再生能源领域发展比较成熟、具有显著成本优势的产业，在未来农村热能替代方面具有较大潜力，可以为我国农村的清洁供暖事业做出更大的贡献。

《可再生能源"十三五"规划》提出，到 2020 年全国太阳能热利用集热面积达到 8 亿平方米，每年需要新增集热面积大约 1 亿平方米。从前几年的发展来看，太阳能热利用的增长乏力，与发展目标相比还有很大的差距，今后还有很大的追赶空间。我国太阳能热利用技术发展比较成熟，形成了完整的生产和施工体系。更重要的是，与燃煤锅炉、电热水器和燃气热水器相比，太阳能热利用技术的经济性非常好，并且已经得到市场的广泛认可，因此，未来可以为我国的节能与应对气候变化事业做出更大的贡献。《北方地区冬季清洁取暖规划（2017～2021 年）》提出：到 2021年，全国争取实现太阳能供暖建筑面积达到 5000 万平方米；供暖方式也应该随着可再生能源的发展做出相应的改进，由原来的常规能源单一形式供暖改进为太阳能与常规能源相融合、集中式与分布式相结合的方式供暖。

第 3 章

农村可再生能源激励政策现状分析

对农村可再生能源的激励政策是整个可再生能源政策框架中不可或缺的组成部分。本部分，研究者主要对国内外涉及农村可再生能源的激励政策进行归纳和总结。

3.1 农村可再生能源激励政策的重要性

可再生能源越来越被认为是能够及时、可持续和经济有效地扩大农村地区、特别是偏远农村地区能源供应的关键解决方案（UN，2018）。考虑到可再生能源的成本劣势，一个可行的政策和监管框架是应对可再生能源项目投资风险、扩大应用和确保长期可靠运行的必要先决条件（IRENA，2016；USAID，2017）。若干国家认识到这一点，已经采取措施来促进农村可再生能源的发展，包括制定专门的目标和设计专门的政策和规章（IRENA，2018）。出台针对农村可再生能源的激励政策存在以下几方面的原因：

与传统能源相比，大多数可再生能源仍然缺乏成本优势。从目前来看，除了太阳能热水器、户用沼气等个别技术，大多数可再生能源技术的成本还是要高于传统能源的，在推广过程中需要政府相关补贴政策的支持。

农村居民缺乏对可再生能源知识的了解。由于农村居民的受教育程度相对较低，信息相对闭塞，对可再生能源知识缺乏深入了解，这就影响了很多实用可再生能源技术在农村地区的推广。在农村加大信息宣传，提高农民对可再生能源的了解，也是扩大农村可再生能源使用的一个重要途径。

农村缺乏应用可再生能源的服务和配套设施。农村金融实力薄弱、基础设施落后，缺乏建立保障可再生能源应用的相关服务和配套设施，将严重影响可再生能源在农村的推广和应用。这就需要由政府出台相关的服务和配套机制。

3.2　国外农村可再生能源激励政策借鉴

目前，全世界几乎所有的国家都出台了可再生能源支持政策或发展目标。在国际、区域、国家和省（州）一级均出台了支持可再生能源开发和利用的目标、法规、金融和财政激励措施。在每一个层面上，政策制定者都根据各自的实际设计一套有效的支持政策组合。

截至2018年，电力行业受到了大多数以可再生能源为重点的政策的关注，而以居民生活为主的供暖和制冷方面的政策相对较少（如图3－1所示）。同样，在电力部门，可再生能源的目标仍然比在供热、制冷和运输部门更雄心勃勃，一些国家——以及更多的次国家政府——目标是100%可再生能源。

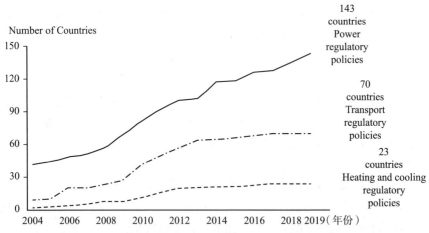

图3-1　当前出台可再生能源和应对气候变化相关政策的国家数量

资料来源：REN21，Renewables 2020 global status report。

从图3－1可以看出，当前国际上出台的可再生能源和应对气候变化的相关政策主要还集中在电力、交通等大规模的商品化能源方面，缺少对农村地区亟须的分布式可再生能源的专门政策。不过，现有的政策在关注商品化的能源的同时，也会对农村可再生能源的发展提供很大的帮助。例如，屋顶光伏在农村地区就有很大的资源优势和发展前景，燃料乙醇、可再生能源等也需要利用农村地区的生物质资源。

到目前为止，涉及农村可再生能源的激励政策主要包括两大方面的内容：法律法规、规划与目标。

3.2.1 欧盟促进农村可再生能源发展的激励政策

欧盟对可再生能源的引导和扶持起步较早，很多经验值得我们学习和借鉴。欧盟作为一个整体，发布了多个目标性的文件，引领欧盟各成员国进行能源转型。1997 年，欧盟在《欧盟战略和行动白皮书》中提出，到 2010 年可再生能源要满足欧盟 12% 的能源消费。2001 年，欧盟在《促进可再生能源电力生产指导政策》中提出，2010 年欧盟电力消费的 22% 要来自于可再生能源（蒋剑春，2006）。2009 年，欧洲议会和欧盟理事会又颁布了《关于提高可再生能源使用率的指令》并废止了 2001 年的《促进可再生能源电力生产指导政策》。在 2009 年的指令中，欧盟理事会重申了大力发展可再生能源的目标，并确定了两个强制性的目标：一是到 2020 年可再生能源满足欧盟能源消费总量的 20%；二是到 2020 年，欧盟成员国要实现可再生能源满足交通行业能源消耗的 10% 以上。2018 年 12 月，欧盟发布新的可再生能源使用指令 EU2018/2001，对 2009 版的可再生能源使用指令进行修订。新指令提出到 2030 年，可再生能源满足最终总能源需求的 32%。

3.2.2 德国促进农村可再生能源发展的激励政策

1. 法律法规

德国长期致力于以可再生能源为主的能源转型。《电力入网法》和《可再生能源法》是支持德国可再生能源发展的两个基础性法律。

1991 年，德国颁布了《电力入网法》，强制要求电力公司购买可再生能源电力，为可再生能源电力上网提供了法律保障。2000 年，德国又出台了《可再生能源法》，建立起基于成熟电力市场的不同类别可再生能源的固定电价机制，这极大促进了不同类型可再生能源电力的发展。为了适应应对气候变化的新形势，加大对可再生能源的支持力度，德国此后又对《可再生能源法》进行了多次修订。新可再生能源法的颁布增强了农村地区适用的对分布式可再生能源的支持力度。为了提高可再生能源在供热领域的应用，德国在 2009 年出台了《可再生热能法》，该法规定了太阳热能装备、生物质沼气及其他可再生能源在供热领域应用的最低要求。2011年，德国政府又对《可再生热能法》进行修订，将太阳能集热器和柴草气化炉列入可再生能源产热项目支持范围。同年，德国还通过了《德国能源转型（2050）》，明确了为实现 2010 年颁布的《德国能源方案》所设定目标将采取的六项法律和一项法规。

2. 规划与目标

2010 年，德国联邦经济技术部发布了《德国能源方案》，提出德国能源体系未来的发展目标。该方案把可再生能源提升至一个很高的战略地位，作为未来能源供应体系的支柱。在该方案中，德国政府确定了可再生能源未来发展的目标（如表 3 - 1 所示）。

表 3 - 1	德国可再生能源未来发展目标			单位：%
	2020 年	2030 年	2040 年	2050 年
可再生能源占终端能源消费的比例	18	30	45	60
可再生能源发电占发电总量的比例	35	50	65	80

3.2.3 英国促进农村可再生能源发展的激励政策

1. 法律法规

2002 年，英国颁布《可再生能源义务法案》，对可再生能源进行扶持。该法案在 2009 年、2011 年又进行了修订。《可再生能源义务法案》建立起了以市场为基础的可再生能源支持机制，旨在为全部符合条件的可再生能源发电项目给予扶持。它规定各能源公司可通过可再生能源义务证书（ROC）、为可再生能源电力支付固定电价（feed - in - tariffs，FIT）或者差价合约（contracts for difference，CFD）的方式履行自身的社会责任。

2006 年，为应对气候变化的挑战，英国出台了《气候变化和可持续能源法》，其中对社区能源项目推广给予大力支持。英国非常重视对农林废弃物等生物质能源的开发和利用，不仅利用它们的清洁能源，还减少它们对环境的影响。2011 年，英国政府进一步推出了《可再生能源供热奖励计划》，加大对农林废弃物、生物质颗粒等生物质能源的支持力度。

2. 规划与目标

英国政府在 2011 年发布了《英国可再生能源发展路线图》，提出到 2020 年，可再生能源占能源消费总量 10% 的目标。

3.2.4 丹麦促进农村可再生能源发展的激励政策

1. 法律法规

为了支持可再生能源的发展，丹麦注重通过法律法规的不断完善，为能源转型提供制度保障。20 世纪 70 年代颁布的《供电法案（1976）》和《供热法案（1979）》是丹麦支持可再生能源发展的基础性的法律文件。近些年，随着社会环境的不断变化，丹麦对这两个法案进行不断的补充和修订，以满足新形势下发展可再生能源的需要。

2. 规划与目标

2009 年，丹麦通过了《可再生能源行动计划》，提出了到 2020 年可再生能源在终端能源消费中的占比达到 30%、温室气体排放量比 1990 年下降 31% 的发展目标。2011 年，丹麦政府发布《能源战略 2050》，提出到 2050 年实现 100% 可再生能源的宏伟目标。不过这并不是说丹麦到 2050 年将完全不使用化石能源，而是届时实现丹麦能源系统的"碳中和"。为实现 2050 年 100% 可再生能源的目标，丹麦政府在 2016 年又提出了到 2030 年可再生能源占终端能源消费总量的比例不低于 50% 的发展目标。

3.2.5 美国促进农村可再生能源发展的激励政策

1. 法律法规

为了实现"全方位"的能源战略，美国制定了大量专门性的能源法律、法规。1978 年美国颁布的《公用事业监管政策法案》规定，分布式发电业主可以将生成的多余电力卖给当地的电力公司，而电力公司必须以"可避免成本"购买通过可再生能源和热电联产技术生产的电力。这就为包括农村分布式发电用户在内的广大业主的电力上网提供了法律依据。1992 年，美国又通过了《能源政策法》，授予美国能源部资助可再生能源项目的权力。2007 年，美国颁布了《美国能源独立和安全法案》，促进可再生能源生产，降低美国对石油的依赖，保障能源安全，应对气候变化。

2008 年，《农场法案》对生物质能源的财政投资范围进行了扩展并加大了补贴力度，极大促进了美国生物质能源产业的发展。

2. 规划与目标

2010 年，美国政府在《技术与变革：美国能源的未来》中提出，可再生能源要在未来电力系统中发挥重要作用：到 2020 年，风能和太阳能的发电量占到社会总发电量的 10%，2035 年达到 20%。

3.3 国内农村可再生能源激励政策现状分析

在中国，到目前为止涉及农村可再生能源的激励政策主要包括三个方面的内容：法律法规、规划与目标及其他激励性政策。

3.3.1 促进农村可再生能源发展的法律法规

自 20 世纪 80 年代以来，中国政府先后出台了《环境保护法》《大气污染防治法》《可再生能源法》等一系列的法律、法规，它们有的是基础性法律，也有专门性的能源法规。这些法律、法规的颁布直接或间接地为可再生能源（包括农村可再生能源）的发展提供了法律保障。

1987 年 9 月 5 日，第六届全国人民代表大会常务委员会通过了《中华人民共和国大气污染防治法》。之后，在 1995 年、2000 年、2015 年、2018 年，全国人民代表大会常务委员会对《大气污染防治法》进行了修正（订）。《大气污染防治法》要求：畜禽养殖场、养殖小区应当及时对污水、畜禽粪便和尸体等进行收集、贮存、清运和无害化处理，防止排放恶臭气体。各级人民政府及其农业行政等有关部门应当鼓励和支持采用先进适用技术，对秸秆、落叶等进行肥料化、饲料化、能源化、工业原料化、食用菌基料化等综合利用，加大对秸秆还田、收集一体化农业机械的财政补贴力度。县级人民政府应当组织建立秸秆收集、贮存、运输和综合利用服务体系，采用财政补贴等措施支持农村集体经济组织、农民专业合作经济组织、企业等开展秸秆收集、贮存、运输和综合利用服务。

《环境保护法》是环境领域的根本性法律。1989 年 12 月 26 日，第七届全国人民代表大会常务委员会第十一次会议通过《中华人民共和国环境保护法》。2014 年 4 月 24 日，第十二届全国人民代表大会常务委员会第八次会议通过了修订后的《中华人民共和国环境保护法》，并自 2015 年 1 月 1 日起施行。《环境保护法》要求：国务院有关部门和地方各级人民政府应当采取措施，推广清洁能源的生产和使用。

2005 年 2 月 28 日，中华人民共和国第十届全国人民代表大会常务委员会第十四次会议审议通过了《中华人民共和国可再生能源法》，并于 2006 年 1 月 1 日正式实施。后根据 2009 年 12 月 26 日第十一届全国人民代表大会常务委员会第十二次会议《关于修改〈中华人民共和国可再生能源法〉的决定》进行了修正。《可再生能源法》明确提出：国家鼓励和支持农村地区的可再生能源开发利用。县级以上地方人民政府管理能源工作的部门会同有关部门，根据当地经济社会发展、生态保护和卫生综合治理需要等实际情况，制订农村地区可再生能源发展规划，因地制宜地推广应用沼气等生物质资源转化、户用太阳能、小型风能、小型水能等技术。县级以上人民政府应当对农村地区的可再生能源利用项目提供财政支持。

3.3.2　促进农村可再生能源发展的规划与目标

为了促进可再生能源的发展，中国政府从 2000 年之后，先后出台了多个专门性可再生能源发展规划或者目标性文件。截至目前，涉及农村可再生能源发展相关的规划包括《可再生能源中长期发展规划》《可再生能源发展"十一五"规划》《可再生能源"十二五"规划》《可再生能源"十三五"规划》等。

1. 可再生能源中长期发展规划

2007 年 9 月，国家发展改革委发布的《可再生能源中长期发展规划》高度重视农村可再生能源的发展（黄文迎，2012），将"解决无电人口的供电问题，改善农村生产、生活用能条件"作为中国可再生能源发展的一个重要目标。规划提出了农村可再生能源发展的 3 个重点方向：（1）解决农村无电地区的供电问题。对于无电村、无电户等电网供电困难或不经济的地区，利用可再生能源技术如小水电、太阳能光伏发电和风力发电等技术提供电力供应。（2）改善农村能源使用品质。可再生能源技术对于提供清洁能源和提高农村生活品质都有着比使用传统能源更突出的优势，在小水电、生物质固体成型燃料、户用沼气、太阳能热水器等可再生能源技术支持下，我国争取到 2020 年使用可再生能源的农村居民达到 70% 以上，农村用沼气居民 8000 万户，太阳能热水器使用量 1 亿立方米。（3）开展绿色能源示范县建设。将绿色能源示范县建设与太阳能、沼气以及生物质固体成型燃料的利用相结合，争取到 2020 年建设 500 个绿色能源示范县。

2. 可再生能源发展的三个"五年规划"

自 2008 年发布《可再生能源发展"十一五"规划》起，中国政府已经连续发布了三个专门的可再生能源发展五年计划，为可再生能源的发展提出了具体的目标。《可再生能源发展"十一五"规划》专门提出了农村可再生能源的发展目标：到 2010 年，全国户用沼气池达到 4000 万户，规模化养殖场沼气工程达到 4700 处，农村户用沼气年产气量达到 150 亿立方米；农村地区太阳能热水器的总集热面积达到 5000 万平方米，太阳灶保有量达到 100 万台。《可再生能源"十二五"规划》提出，将农村可再生能源发展作为新农村建设的重要内容，因地制宜开发利用各类可再生能源资源，加强技术创新和产业服务体系建设；统筹各类生物质资源，按照"因地制宜、综合利用、清洁高效、经济实用"的原则，推动各类生物质能的市场化和规模化利用，加快生物质能产业体系建设，重点发展生物质发电、生物质燃气、可再生能源和生物质液体燃料，促进农村经济发展，有效增加农民收入。《可再生能源"十三五"规划》将全面推进分布式光伏和"光伏 +"综合利用工程作为"十三五"可再生能源发展的一个重要方向，这为农村可再生能源的发展提供了新的动力。

3.3.3 促进农村可再生能源发展的其他激励性政策

2007 年，《中国应对气候变化国家方案》颁布，提出今后要完善有利于减缓和适应气候变化的相关法律、法规，依法推进应对气候变化工作；发展可再生能源、优化能源结构。《中国应对气候变化国家方案》的出台，为此后能源及其相关领域的法规和政策制定提供了指引，也为农村可再生能源的发展提供了制度保障。

为促进光伏发电产业技术进步和规模化发展，培育战略性新兴产业，中国政府于 2009 年推出金太阳工程，并出台了《金太阳示范工程财政补助资金管理暂行办法》。该办法把提高偏远地区供电能力和解决无电人口用电问题的光伏、风光互补、水光互补发电示范项目作为资金扶持的一个重点领域。

2009 年，为实施农村地区可再生能源建筑应用的示范推广，引导农村住宅、农村中小学等公共建筑应用清洁、可再生能源，国家出台了《加快推进农村地区可再生能源建筑应用的实施方案》。该实施方案重点支持在农村两个领域的示范性应用：（1）农村中小学可再生能源建筑应用。（2）县城（镇）、农村居民住宅以及卫生院等公共建筑可再生能源建筑一体化应用。

为贯彻落实《中华人民共和国可再生能源法》，加快农村地区可再生能源开发和利用的步伐，优化农村地区的能源结构，推进农村能源的清洁化和现代化，改善农民的生产和生活条件，国家能源局、财政部和农业部于 2011 年组织实施了绿色能源示范县建设项目，并出台了《绿色能源示范县建设补助资金管理暂行办法》。绿色能源示范县建设补助资金重点支持 5 个领域的工程建设：（1）沼气集中供气工程；（2）生物质气化工程；（3）生物质成型燃料；（4）其他适应地区资源特点的可再生能源开发利用工程；（5）农村能源服务体系。

3.3.4 中国农村可再生能源政策演变概括

从 20 世纪 50 年代开始，中国政府就逐步在农村推广可再生能源，陆续建设了一批沼气池、小水电工程。根据不同时期政策目标的差异，中国农村可再生能源政策大致可以分为 4 个阶段：（1）能源短缺时期（1978～1993 年）；（2）可持续发展时期（1994～2006 年）；（3）应对气候变化时期（2007～2016 年）；（4）乡村振兴时期（2017 年至今）。

1. 能源短缺时期（1978～1993 年）

1978 年，党的十一届三中全会将全国工作的重点转移到经济建设上来，农村的能源短缺问题也引起了高层的关注。1982 年，我国确立了"因地制宜、多能互补、综合利用、讲求实效"的农村能源建设总方针，希望通过开发、利用农村丰富的可再生能源资源来解决当地的能源短缺问题。中央鼓励各地通过发展沼气、薪炭林，推广省柴灶，以及在有条件的地方发展小水电、风能、太阳能、地热能等可再生能源，探索出一条适合中国农村特色的可再生能源发展之路。这一时期出台的鼓励农村可再生能源发展的政策如表 3-2 所示。

表 3-2　　　　1978～1995 年中国农村可再生能源政策概览

年份	农村可再生能源政策
1979	国务院批转四部委《关于当前农村沼气建设中几个问题的报告》
1980	中共中央、国务院颁布《关于大力开展植树造林的指示》，强调在烧柴困难的地方积极发展薪炭林

年份	农村可再生能源政策
1983	当年中央一号文件指出,要抓紧开放小水电、风电、沼气、太阳能、薪柴林等可再生能源
1984	当年中央一号文件指出,当前农村兴起的小能源等产业,有关部门和地方要给予积极的指导和支持
1994	国务院发布《中国 21 世纪议程》,强调新能源和可再生能源是未来能源系统的基础

2. 可持续发展时期（1994 ~ 2006 年）

进入 20 世纪 90 年代之后,可持续发展的理念逐渐深入人心。在能源领域,许多国家都把可再生能源作为能源领域的发展重点,试图建立起以可再生能源为基础的可持续的能源供给体系。在这一阶段,中国开始逐渐重视可再生能源,并从可持续发展的视角来规划可再生能源的发展,这也为农村可再生能源的发展提供了良好机遇,如表 3 - 3 所示。

表 3 - 3   1996 ~ 2006 年农村可再生能源政策概览

年份	农村可再生能源政策
1996	《国民经济和社会发展"九五"计划和 2010 年远景目标纲要》提出:把农村可再生能源建设作为农业和农村经济可持续发展的重要组成部分,加快农村能源的商品化进程、形成产业
2005	《中华人民共和国可再生能源法》颁布,确立了农村可再生能源在能源体系中的地位,明确了农村可再生能源建设、运行及管理的责任主体等问题
2006	《可再生能源发展专项资金管理暂行办法》出台,明确了农村可再生能源发展专项资金管理中的一系列问题

3. 应对气候变化时期（2007 ~ 2016 年）

为了顺应全球应对气候变化的诉求,中国政府于 2007 年出台了《中国应对气候变化国家方案》,正式把应对气候变化作为我们未来能源发展的一个重要考量因素。作为一种清洁、低碳的能源,可再生能源被国家视为未来能源供应体系的重要支柱,予以重点支持。如表 3 - 4 所示。

表 3 - 4   2007 ~ 2016 年农村可再生能源政策概览

年份	农村可再生能源政策
2007	《中国应对气候变化国家方案》颁布,提出了发展可再生能源、优化能源结构及制定可再生能源发展机制的相关措施

年份	农村可再生能源政策
2007	《可再生能源中长期发展规划（2005～2020 年）》出台，将"解决无电人口的供电问题，改善农村生产、生活用能条件"作为中国可再生能源发展的一个重要目标
2008	《可再生能源"十一五"规划》出台，提出了到 2010 年全国农村户用沼气池、规模化养殖场沼气工程、太阳能热水器和太阳灶的具体发展目标
2009	《中华人民共和国可再生能源法（修正案）》颁布，提出因地制宜地推广应用沼气等生物质资源转化、户用太阳能、小型风能、小型水能等技术
2009	《金太阳示范工程财政补助资金管理暂行办法》出台，为提高偏远地区供电能力和解决无电人口用电问题的光伏、风光互补、水光互补发电示范项目提供资金支持
2009	《加快推进农村地区可再生能源建筑应用的实施方案》出台，鼓励农村住宅、农村中小学等公共建筑应用可再生能源
2011	《绿色能源示范县建设补助资金管理暂行办法》出台，重点支持生物质能的发展，支持建立健全覆盖县、乡、村三级的现代农村能源服务网络
2012	《可再生能源"十二五"发展规划》出台，将农村可再生能源发展作为新农村建设的重要内容；按照"因地制宜、综合利用、清洁高效、经济实用"的原则，推动各类生物质能的市场化和规模化利用，加快生物质能产业体系建设，促进农村经济发展
2014	《中华人民共和国环境保护法（修订）》颁布，要求各级政府要推广清洁能源的使用
2016	《可再生能源"十三五"发展规划》出台，将全面推进分布式光伏和"光伏 +"综合利用工程作为"十三五"可再生能源发展的一个重要方向

4. 乡村振兴时期（2017 年至今）

2017 年 10 月 18 日，习近平总书记在党的十九大报告中明确提出"乡村振兴战略"，为农村可再生能源的发展指明了新的方向，如表 3 - 5 所示。

表 3 - 5 　　　　　　　　2017 年至今农村可再生能源政策概览

年份	农村可再生能源政策
2018	《中华人民共和国大气污染防治法（修正案）》颁布，要求推动转变农业生产方式，发展农业循环经济，加大对废弃物综合处理的支持力度
2018	生态环境部与农业部联合发布《农业农村污染治理攻坚战行动计划》，加大对农业、农村污染源的治理，支持对农村剩余物和畜牧业废弃物的资源化利用

年份	农村可再生能源政策
2019	国家发展改革委和国家能源局联合发布《关于积极推进风电、光伏发电无补贴平价上网有关工作的通知》，积极引导风电和光伏发电这两类可再生能源的健康发展
2021	国家能源局出台《关于因地制宜做好可再生能源供暖工作的通知》，要求各地区充分利用当地的可再生能源资源，因地制宜地做好可再生能源供暖工作
2021	国家能源局发布《国家能源局综合司关于报送整县（市、区）屋顶分布式光伏开始试点方案的通知》，大力推进屋顶分布式光伏发展，促进乡村振兴

第 4 章

相关理论发展综述

根据本书研究的需要，本章对博弈理论、扎根理论与机制设计理论的发展进行简单的回顾与梳理，为后面的研究提供理论基础。

4.1 博弈理论发展综述

4.1.1 博弈论的提出和发展

法国著名经济学家让·梯诺尔（Jean Tirole）曾经说过："正如理性预期使宏观经济学发生革命一样，博弈论（game theory）广泛而深远地改变了经济学家的思维方式"（张维迎，2004）。

博弈论，也被称为对策论，主要考虑个体之间的预测行为和行为影响，并研究它们的策略优化行为。博弈论关注的是对政策互动的一般性分析，而经济主体正是通过博弈论来研究策略性互动，同时博弈论也被广泛应用于研究营业博弈、国际关系、军事战略、政治谈判等其他很多方面。

博弈论在主流经济学中的应用主要体现在以下几个方面：（1）越来越关注对异质性的微观个体的研究。按照博弈论的研究范式，从个人效用函数出发，研究在一定约束条件下的个人效用最大化问题以及相关的行为和均衡结果。（2）越来越关注对人与人之间行为的相互作用和影响、竞争与合作方面的研究。新古典经济学认为，在"价格"这个看不见的手的引导下，每个微观主体在追求个体效用最大的同时，也会自动实现集体效用最大化的目标。现代经济学发现个体理性并不一定会自动实现集体理性，个体理性与集体理性之间甚至经常会存在着矛盾和冲突，博弈论为解决这种矛盾和冲突提供了一个有效的分析工具。博弈理论认为，要解决个体理性与集体理性的矛盾和冲突，需要设计一种激励相容的机制，在满足个体的理性的前提下能够同时实现集体理性。（3）越来越重视信息对经济行为影响的研究。新古典经济学关于完全信息的假设受到了研究者的广泛质疑，而信息不对称情况下的个人行为选择及机制设计则越来越受到研究者的关注。

按照不同的标准，可以将博弈分为不同的类型。

按照参与人之间是否可以达成具有约束力的协议，可以将博弈分为合作博弈和非合作博弈。如果参与人之间可以达成协议，就是合作博弈；如果无法达成协议，就是非合作博弈。

按照博弈行为是否存在时间的先后顺序，可以将博弈分为静态博弈和动态博弈。所谓静态博弈，是指在博弈过程中参与人同时确定各自的决策或虽然不是同时决策但后决策者并不知道先决策者的具体决策，也无法根据其他参与人的决策调整自己的决策；所谓动态博弈，是指在博弈过程中参与人的决策有先后顺序且后决策者能够观察到先决策者的决策，并根据观察到的信息调整自己的决策。

按照参与人对其他参与人信息的了解程度，可以将博弈分为完全信息博弈和不完全信息博弈。完全信息博弈，是指在博弈过程中每一位参与人对其他参与人的特征、策略空间及支付函数等所有信息有完全的了解。反之，对于其他参与人的信息不完全了解即称之为不完全信息博弈，这就会影响参与人决策的准确性。

另外，博弈还有很多其他分类。例如，以博弈进行的次数来看，博弈可以分为有限博弈和无限博弈；以博弈的逻辑基础不同，又可以分为传统博弈和演化博弈。

4.1.2 演化博弈理论的发展

演化博弈理论（evolutionary game theory），从字面上很容易看出来，它有两个重要的理论来源：一个是演化理论，一个是博弈论。

演化理论，是指群体在演化过程中，存在两种重要的机制：一种是自然选择机制，假设不是每一种生物都有相同的概率在下一期存活下去。在现实世界中，有些生物个体（包括人）特别幸运，能够活下去，但还有些个体就没有那么幸运，会被自然所淘汰。我们今天能够存在，是因为我们的祖先足够幸运，使他们有后代继承了他们的基因。之所以强调自然选择，是因为我们是被选择（be selected）的，也就是说我们可以决定自己的行为和策略，但不能决定我们是否被选择，选择是"上帝"的事情。这与严复所说的"物竞天择"是一个道理。另一种机制叫突变机制（mutant），它保证了种群的变化。如果没有突变，自然淘汰的结果是这个世界上存活下来的物种会越来越少，最后只剩下一种。突变机制是没有方向性的，它既可能会提升个体的适应性，也可能降低个体的适应性。突变同样是上帝选择的结果，我们微观个体无能为力。正是由于突变机制的存在，我们的世界才变得丰富多彩。

在这里，我们需要纠正一个常见的误解，即演化均衡的结果是帕累托最优的，或者说能够实现整个群体福利的最大化。我们需要明白，演化均衡不等同于新古典经济学的一般均衡。从福利经济学第一定理可知，一般均衡必然是帕累托最优的，但是演化均衡并不遵循这样的定理。"演化经济学"与新古典经济学存在着显著的区别（H. 培顿·杨，2006）：（1）虽然在新古典经济学中，均衡是占主导地位的研究范式，但是个人决策被假定是给定预期下的最优选择，并且更加注重均衡本身而忽视对达到均衡过程的分析；"演化经济学"则认为，只有在一个动态的框架中去理解"均衡"才更有价值。（2）在古典经济学中，经济人被假定为具有完全理性。也就是说，他们不仅知道自己的效用函数，还知道其他人的效用函数，并以此为基础制订个人的最优决策。这是一个非常强的假设，与经济人所处的复杂和动态的社会环境有很大的差距。"演化经济学"认为，经济人适应着周围的环境，他们具有相对理性，而不是超理性，他们在所掌握的信息基础之上理性地行动。

梅纳德·史密斯（Maynard Smith）在传统博弈论的基础上提出了演化博弈论的三个重要概念（赫伯特·金迪斯，2015）。（1）策略。梅纳德·史密斯认为，与经典博弈论相似，在演化博弈中，群体也有策略集（基因型突变体），个体从中遗传某一种突变体，然后按照策略集进行博弈互动。（2）均衡。梅纳德·史密斯用演化稳定策略（evolutionary stable strategy，ESS）取代经典博弈论中的纳什均衡。如果使用某策略的整个群体不会被突变型的小群体入侵的话，这个策略就是演化稳定策略。（3）参与人的互动。梅纳德·史密斯引入了参与人的重复随机匹配概念来代替经典博弈论中的一次性博弈和重复博弈。

演化稳定策略是演化博弈论的核心。演化博弈强调在群体变迁过程中以个体多样性变异和偏好选择为代表的种群研究。演化稳定策略强调了策略的演化过程，与之有紧密联系的复制者动态方程（replicator dynamic equation）则描述了变异可能性情况下的演化稳定状态，其通过适应度函数（fitness function）和雅可比矩阵（jaconbian）即可求出不同演化路径下的演化稳定策略（夏德建，2010）。

演化博弈论与传统博弈论在一些重要方面存在着差异：（1）演化博弈中的博弈方式不是固定的，而是取自博弈群中的某些潜在个体；（2）个体之间交互作用的概率不是内生的，而是依赖于外生的因素，主要是社会空间中他们的接近性；（3）各参与人并非完全理性，不能充分了解他们所处环境的所有信息，参与人的行为决策受到他们对其他人过去行为的信息基础了解之上所做出的行为预期的影响。

演化博弈论由于在研究群体社会演进方面的独特优势，近年来在社会政策影响领域受到了广泛的关注。按照利用演化博弈模型的差异，大致可以分为3类：（1）两类参与人的演化博弈；（2）三类参与人的演化博弈；（3）网络演化博弈。

1. 两类参与人的演化博弈

两类参与人的演化博弈是最简单、常见的一种演化博弈形式。

高庆鹏和胡拥军（2013）基于演变博弈理论，分析了强社区记忆与弱社区记忆两类居民在农村社区公共产品供给决策中的博弈过程，研究发现：在一定条件下，强社区记忆的农村社区能够收敛于合作互惠的演化稳定均衡，而弱社区记忆的农村社区无法有效组织公共产品供给的集体行动。盛光华和张志远（2015）利用演化博弈理论分析了政府不同补贴方式对企业创新的影响，发现不同的补贴水平下，政府补贴对企业创新的影响存在差异，并提出要根据产业发展阶段优化政府补贴结构地方建议。龚志文和陈金龙（2017）构建了企业集团内部资本转移行为的演化博弈模型，分析集团内部资本转移过程中集团总部和分部之间的策略选择过程，发现针对不同盈利的分部，总部应该制订不同的利润分配比例，以提高整个集团的盈利能力。

2. 三类参与人的演化博弈

在现实社会中，三类参与人同时参与博弈也是很常见的，因此，构建具有三类参与人的演化博弈模型具有很强的现实价值。

王育宝和陆扬（2019）构建了中央政府、地方政府、企业三方演化博弈模型，研究环境治理体系中存在的多重演化稳定策略，指出博弈模型最

优稳定均衡策略为（低财政分权度、积极治理、治污达标）。曹霞等
（2018）构建了网约车出行市场规制的三方演化博弈模型，分析了政府管
理部门、网约车出行平台和司机三方的演化路径及稳定策略，对政府"积
极规制"策略和企业"合规经营"策略提出相关建议。许玲燕等（2017）
基于演化博弈理论，论述了地方政府、企业和农村居民在农村水环境治理
行动中的演化过程，建议三方共同参与、保障农村居民利益的农村水环境
治理。隆等（Long et al.，2019）从协同进化的角度，运用进化博弈论建
立了政府、消费者和企业三方博弈模型，研究了外卖垃圾的回收问题，为
政府制定有效的废物管理政策提供参考。商和杨（Shan and Yang，2019）
建立了一个三方演化博弈模型来模拟分析光伏企业、贫困家庭、政府的行
为策略及其影响因素，指出博弈策略的最优组合为光伏企业主动支持、贫
困家庭积极参与和政府弱监督。

3. 基于复杂网络的演化博弈

演化博弈涉及相当数量的个体（局中人），而且这些局中人以及他们
之间的关系可以看成一个复杂网络，随着时间的推移，每个局中人都在和
他的邻居进行博弈，基于复杂网络的思想研究群体内局中人的博弈行为及
演进路径，就称为网络演化博弈。它的基本思想可概括为：（1）相当数量
的局中人处于一个复杂网络当中；（2）每个演化阶段，按一定规则选取一
部分局中人以一定频率匹配并进行博弈；（3）局中人所采取的策略可以按
一定规则进行更新，不过，规则更新的频率比博弈慢得多，使得局中人可
以依据上一次更新策略的收益，来确定是否更新下一次的策略；（4）局中
人可以从周围环境中获取信息，结合自己的经验，在策略更新规则下更新
策略；（5）策略更新规则会受到局中人所处网络拓扑结构的影响。

基于复杂网络的演化博弈可以更好地模拟现实社会的发展演变过程，
近年来也被众多学者应用于公共政策的模拟分析之中。王成韦等（2019）
基于熵值 TOPSIS 算法，构建了网络演化博弈模型，研究了在企业联盟背
景下城市之间的经济联系和功能，对长三角制造业产业集群和服务业产业
集群提出了建议。于建业等（2018）基于社交网络构建了社交演化博弈模
型，揭示了用户间关注关系更新的频率、用户对声誉的追逐程度和群体放
大效应在社交网络演化中的影响，加深了人们对社交网络中信息分享行为
的合作演化的理解。姚大庆（2018）利用网络演化博弈模型分析了微观市
场主体选择交易货币的行为，描述了货币国际化的过程及汇率预期对博弈
均衡的影响，指出当前人民币需要保持汇率基本稳定和适度的升值预期。

徐等（Xu et al.，2019）基于 WS 小世界网络构建了投资者分享博弈，指出在垄断程度较低的市场中，投资者投入较少，合作行为就会获得成功；随着垄断程度的增加，合作伙伴关系更紧密也更加稳定。王和郑（Wang and Zheng，2019）建立了基于演化博弈论和复杂网络理论的低碳扩散模型，从网络特征和消费者环境意识的角度研究低碳扩散问题，指出增加行业内企业之间的联系有助于低碳战略的推广。

4.1.3　博弈学习理论的发展

所谓博弈学习，就是参与人在相互作用的博弈环境中，根据别人的行为来调试自己的行为（H. 培顿·杨，2006）。学习（或者说适应）是演化博弈研究中的一个关键要素。由于我们对于个人如何决策尚缺乏足够的了解，所以不得不根据某些日常现象和实验证据做出一些容易被大家所接受的假设。到目前为止，在主要文献中被探讨过的博弈学习机制主要包括以下 4 种：

（1）自然选择。与采用低收益策略的人相比，采用高收益策略的人更容易重复自己的策略，因此，从长期来看，采用高收益策略的人在人群中的比例将会越来越高。复制者动态模型通常用来分析这种机制，此时，群体中某一策略的增长率通常被假定为相对于平均收益的该策略收益的线性函数。

（2）模仿。人们通常喜欢模仿那些流行的或者预期能够获得高收益的行为。例如，参与人可能会模仿他们身边人的行为，其模仿的概率与其自身的收益负相关，而与想模仿人的收益正相关。与自然选择相比，该机制更好地描述了参与人是如何选择的，而不是他们繁殖得有多快，这与博弈学习的理念更为一致。

（3）强化。人们倾向于采取在过去获得高收益的策略，而尽量避免获得低收益的策略。这是行为经济学中标准的学习模型，正引起越来越多经济学家的关注。

（4）最佳对策。人们在确定策略之前，通常先对别人如何行动进行预测，并选择能使自己预期收益最大的策略。这种机制下存在多种学习规则，假定人们预测其他人的行为时具有不同的"理性"程度。最简单的一类模型就是假定人们根据对手以前行动的概率分别来选择最佳对策，这也被称为"虚拟博弈"。

4.2 扎根理论发展综述

4.2.1 扎根理论概述

扎根理论，要求按照规范的研究程序，扎根于实地进行调查，并从调查中获得的原始数据出发构建理论、分析问题，使理论构建成为一个科学过程，从而提高了质性研究的规范性和可信度。扎根理论以开放的思维模式、严谨的科学逻辑为质性研究提供了一个良好的分析工具。

扎根理论的概念是由美国学者格拉塞（Glaser G.）和施特劳斯（Strauss A.）于 1967 年在他们的著作《扎根理论的发现》中第一次明确提出的。他们在该书中提出了系统方法论的研究策略，提倡在基于数据的研究中构建理论，而不是利用已有的现成理论来验证假设（Glaser and Strauss, 1967）。事实上，扎根理论就是从资料中发现、抽象概念，构建理论的一种方法，被认为是定性研究中最科学的方法论，曾被誉为"定性革命"的先声（贾旭东，谭新辉，2010）。

扎根理论方法的目的是进行理论构建，而不是进行假设检验。扎根理论的研究者们认为，事前的理论假设会阻碍从原始数据中获得新思想，阻碍创新性成果的发现（Urquhart et al., 2010）。扎根理论的标志性特征在于数据搜集与分析过程的融合，在使用理论抽样指导数据搜集的同时对数据持续进行比较分析。经过不断地发展和完善，迄今为止，扎根理论已经形成了三个不尽相同又相互联系的流派：一是由格拉塞（Glaser）提出的经典扎根理论，其编码过程分为两个步骤：实质性编码和理论性编码；二是由施特劳斯和科宾（Straus and Corbin）提出的程序化扎根理论，其编码过程分为三个步骤：开放性编码、主轴编码和选择性编码；三是由查默兹（Charmaz）提出的构建型扎根理论，其编码过程分为三个步骤：初始编码、聚焦编码和轴心编码。而这三大流派之间的最显著差异正是在于编码过程步骤的差异（刘世粉，2017）。随着计算机处理软件的日益完善，由施特劳斯和科宾提出的程序化扎根理论在国内外的研究中应用越来越广泛。不过，程序化扎根理论的编码过程也存在一定的局限性。由于程序化扎根理论对软件程序的过度依赖，容易使研究者先入为主的寻找概念和范畴之间的关系来构建理论，而不是以更加开放的心态去发现存在于资料中的真实理论形态，这违背了质性研究方法扎根于原始资料的学术精神。经典扎根理论面临的最大问题，则在于如何避免研究人员主观思想的影响，保持研究的客观性。我们需要合理利用各个流派的优点，对扎根理论方法本身进行创新和完善，使其能够更好地用于我们的质性研究。

4.2.2 扎根理论的基本特征

尽管扎根理论存在不同的流派，但是这些流派都具有一些共同的特征，大致可概括为以下几个方面。

1. 理论扎根于资料

扎根理论要求，理论的构建要扎根于原始资料，并通过资料的规范性的编码过程来完成。在整个分析过程中，研究者需要不断地搜集和比较资料，并通过对资料的逐步抽象和概念化来构建理论。可以说，资料的搜集和分析是扎根理论研究的基础。

2. 资料的持续比较

对资料进行持续比较是扎根理论研究的精髓。在资料的搜集和分析过程中，持续比较可以寻找资料中的相似点和不同点，并依据属性和维度对所研究问题进行界定。进行持续比较的目的是要揭示编码的不同属性和维度，以及不同属性和维度之间的关系，以便构建一个能够解释属性和维度之间内在关系的分析框架，帮助研究者进行理论构建。

3. 保持研究敏感性

扎根理论要求研究者在整个研究过程中保持高度的研究敏感性，以便能够对研究资料中的内容做出及时反应，从中归纳出相关的概念、类属，并能够查觉到资料中隐含的相关类属间的内部规律。这对研究者的专业知识和经验积累提出了很高的要求，还需要有大量来自实地调研的第一手资料。

4. 理论抽样

理论抽样是一个以概念为导向的资料搜集和分析过程。理论抽样的目的是从资料中最大化地抽象出研究对象的属性和维度，并揭示概念与类属之间的关系。研究者通过理论抽样来指导资料搜集的过程（科宾和施特劳斯，2015）。理论抽样应该建立在资料搜集与分析同时进行的基础上贯穿整个研究过程。

4.2.3 扎根理论的研究流程

扎根理论已经被广泛应用于多个领域的研究当中，但是对扎根理论的具体研究流程不同的学者持有不同的观点。潘迪特（Pandit，1996）总结了一套包括五个阶段、九个步骤的扎根理论研究流程，而王璐、高鹏（2010）则将扎根理论的操作流程概括为七个步骤。概况来看，扎根理论的研究过程主要包括以下四个环节。

1. 确定研究问题

经典扎根理论主要提倡研究问题的自然涌现，要求研究者从实际情境中自然地发现和提出研究问题，以避免已有文献对研究者造成先入为主的主观影响。但是，从实际研究过程来看，从实际情境中当然能够涌现出很多具有研究价值的问题，不过通过对相关历史文献的挖掘，仍然能够发现很多被大家广泛认可的研究问题。需要注意的是，我们要灵活地把握文献研究的时机，在研究过程中避免研究者先入为主的主观影响，要放下定见，带着一颗"无知"的心来进行研究。

2. 数据搜集过程

扎根理论要求研究者搜集尽可能丰富的资料。扎根理论对资料的要求是开放式的，形式可以是多种多样的，除了历史文献的数据外，访谈是其搜集数据的最主要方法。访谈的问题大多是开放性的，不过在访谈之前，研究者需要先设计一个访谈提纲，确定访谈的大致框架。在访谈的过程中，访谈者可以对被访谈者进行具有引导性的提示，鼓励被访谈者说出自己内心真实的想法。研究者应保持一种参与者的态度，避免任何先入为主的提问，还要具有良好的倾听技巧和敏锐的观察能力（包括注意非语言的暗示），并保持对参与者在访谈过程中情感反应的敏感性（Foley and Timonen，2015）。访谈过程中，研究者还应进行录音，在访谈结束后，研究者要及时整理访谈资料，撰写备忘录，为后面的数据分析做准备。

3. 数据分析过程

在数据分析的过程中，研究者可以借助于质性分析软件（如 ATLAS/ti、Nvivo 和 MAXQDA 等）进行数据处理。计算机软件的发展极大地方便了质性研究者的数据分析，但是软件并不能代替研究者进行编码和理论的构建，具体的数据处理和分析还需要由研究者来亲自完成。数据编码是扎根理论研究的核心环节，需要研究者投入大量的时间和精力。程序性扎根理论的编码过程包括三个环节：开放性编码、主轴编码和选择性编码。通过编码，研究者可以从原始资料中提取概念，并在属性和维度上发展这些概念来获得类属。

（1）开放性编码。在所搜集的资料中通过界定上下文、对资料贴标签、抽象概念形成类属。在这个过程中，不仅要将资料打散、赋予概念，还要以新的方式重新整合并给予操作化（田霖，2012）。开放性编码主要包括4个步骤：赋予现象标签、发现类属、命名类属和概念化类属。在概念化研究对象时，研究者应该尽量搁置主观偏见和研究定见，要将资料按其原本的状态进行编码。

（2）主轴编码。在抽象概念形成类属后，需要发现和建立概念类属间的各种联系，以充分展现资料中各组成部分之间的联系。研究者需要对概念化后的不同类属进行逐个分析，深入探析各个类属所包含的内在关系。随着研究的不断深入，不同类属之间的各种联系就会变得越来越具体。简单来说，主轴编码就是把零散的资料以类属及其相关关系的形式组合起来。在探索类属之间的关系时，需要注意分析其横向和纵向联系。横向联系主要是指各个类属之间的关系，而纵向联系则是指各个类属与之相关的属性或维度关系。纵向分析在前，横向分析在后，纵向分析是横向分析的前提和基础。纵向分析可以从概念化的类属逐渐确定为实质性的类属，使每一个类属更能解释现象。横向分析可以建立各个概念类属之间的关系，确定主要类属和次要类属。在建立了所有的主从类属后，研究者还要用新的方式对原始资料进行重新整合。

（3）选择性编码。从各主类属间挖掘出核心类属，以核心类属为故事主线，可以构建和发展出一个全新的理论构架。选择性编码的步骤：确定资料的故事线—描述主从类属及其属性和维度—检验已有的初步假设—补充或发展概念类属—选择核心类属概念—建立核心类属与其他主从类属之间的联系。这个核心类属是与所有主从类属建立相关联系的概念，以它为故事主线构建的理论框架能合理地解释研究现象。

整个的数据编码过程如图4-1所示。

4. 理论构建

在逐级编码后获得所有的主从类属，再经过理论抽样的方法所收集的资料不再能产生新的类属或有关新的见解时，此时类属就饱和了。研究者可以构建一个以核心类属为主线，与其他主从类属之间具有关联的理论框架，并以此来解释我们所研究的对象。

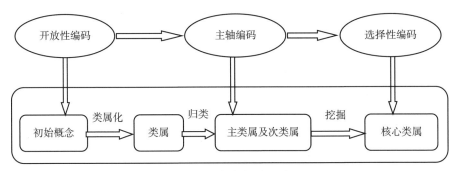

图4-1 三级数据编码流程

理论生成的过程就是对资料不断抽象的过程，即将资料内容中散落的观点、概念等不断地整合归纳并且进行概念化以提升抽象层次，在此基础上形成一套成熟理论的过程。在这个过程中，我们需要对资料进行细致剖析，从观点陈述到概念解析，从界定上下文到发现类属及其之间的关系，再到提升类属的概念化层次，这是一个逐步递进并且需要循环进行的过程。其中概念化层次与理论形成度相互作用且呈正相关影响关系，即概念化层次越高，理论性程度越高（刘世粉，2017）。

4.3 机制设计理论发展综述

4.3.1 委托—代理理论

委托—代理理论主要研究参与人之间由于信息不对称所带来的一类问题：一位参与人（被称为委托人）想使另一位参与人（被称为代理人）按照前者的利益选择行动，但委托人不能直接观测到代理人选择了什么行动，而只能观察到与行动相关的一些变量，这些变量由代理人的行动和其他外生的随机因素共同决定，因此只是代理人行动的不完全信息（张维迎，2004）。委托人面临的问题就是如何根据观察到的信息来确定代理人的报酬，以激励代理人选择能够实现委托人效用最大化的行动。

委托—代理关系的存在，使委托人面临着一个问题，就是如何设计一个机制，使代理人能够按照个人的意愿行动，而自动实现委托人效用最大的目标，这就是一个机制设计问题。

4.3.2 机制设计理论

所谓经济机制理论，主要研究如何在自由选择、自愿交换、信息不完全及决策分散化的条件下，设计一套机制（游戏规则或制度）来达到既定目标（田国强，2003）。

1960 年，莱昂尼德·赫维奇（Leonid Hurwicz）首先提出了机制的概念。1961 年，威廉·威克瑞（William Vickrey）发表了关于第二价格密封拍卖（也称为威克瑞拍卖）的论文，成为机制设计领域早期的一个里程碑式的文献。1967 ~ 1968 年，约翰·海萨尼发表了三篇经典论文（John C. Harsanyi, 1967；John C. Harsanyi, 1968a；John C. Harsanyi, 1968b），利用贝叶斯理论发展了不完全信息博弈理论，为机制设计理论的发展奠定了重要基础。莱昂尼德·赫维奇（Leonid Hurwicz, 1972）引入了激励相容的概念，将对理性参与人的激励约束纳入机制设计当中，标志着机制设计理论的基本框架正式形成。此后，爱德华·克拉克（Edward Clarke, 1971）和西奥多·格罗夫斯（Theodore Groves, 1973）提出了一般化的维克瑞机制，并且定义了更具普遍性的激励相容约束，使机制设计理论具有更加广泛地应用价值。

20 世纪 70 年代之后，机制设计理论在两个方面取得了较大的发展。（1）显示原理（revelation principle），其基本含义就是：任何间接机制所能达到的结果都可以由一个直接机制来实现。艾伦·吉伯德首先提出了基于优势策略激励相容机制的显示原理（Alan Gibbard, 1973）。罗杰·迈尔森则提出了更一般化的显示原理（Roger Myerson, 1979）。显示原理的发现大大降低了机制设计问题的复杂程度和工作难度，于是，学者们可以把复杂的社会选择问题转化为不完全信息下的贝叶斯均衡问题进行处理。（2）实施原理（implementation theory），其解决了如下问题：给定社会目标，我们能否设计一个机制使得均衡结果与目标相一致？埃里克·马斯金给出了这个问题的一般见解（Eric Maskin, 1999）。

经济学家通常认为，一个好的经济机制应满足三个条件：（1）资源的有效配置；（2）有效利用信息；（3）激励相容。

郭本海等（2013）基于委托代理理论构建了"政府—企业"间的节能激励机制，建议地方政府加强对地方企业的监管力度，从而消除节能管理过程中的信息不对称问题。曹启龙等（2014）在完全理性和公平偏好的假设下，构建了政府部门和代建单位之间的委托代理框架下的激励—监督模型，建议政府采用优惠政策激励代建单位选择"互惠性"行动。张等（Zhang et al.，2019）基于双重委托代理理论，研究集体森林由公有森林企业（CFEs）管理森林生态系统绩效问题，建议加强农村社区在森林管理和社区治理中的自主权，为农村社区注入更多资源。马提尼（Martini et al.，2016）建立了一个在两个不同司法管辖区代理的"透镜"型委托代理模型，分析了公式分摊法对管理层激励和薪酬方案的税收扭曲，指出公式分摊法为利润转移提供了新的潜力。

|第5章|
农村居民利用可再生能源行为的
影响因素分析

5.1 研究回顾

根据以往的研究，对可再生能源利用行为产生影响的因素主要有心理意识因素、人口统计因素和政策因素等方面。

（1）心理意识因素对可再生能源利用行为的影响研究。在以往的研究结果中，多数学者认为人对环境的态度会影响自身的生态行为。Huijts et al.（2012）从心理学的角度研究了人们对于可再生能源技术的接受程度，并且提出了一套与之相对应的完整框架，即影响可再生能源技术接受度的因素主要有态度、社会规范、行为控制认知以及个人规范。影响态度的因素有信任、技术态度积极或消极、风险与收益、程序与分配公正、感知成本；影响个人规范的因素有不愿意接受新型技术带来的不良后果、最终效果、风险与收益以及感知成本。安尼尔等（2015）在对印度农村进行的实地调查结果中发现阻碍新能源技术实施的主要原因是当地农村居民缺乏对新能源技术的了解，新能源技术的宣传力度不够大，研究结果说明公众参与度也是影响新能源技术普及的重要因素之一。亚兹丹帕纳等（Yazdan-panah et al.，2015）多位研究者以公众对可再生能源的接受程度为研究方向，并且借助结构方程模型和计划行为理论，将 260 个在校大学生作为样本进行分析，得出的结论如下：个人判断和自我认知对于可再生能源的普及利用没有什么影响，而影响作用很大的因素主要有个人态度、个人行为认知以及自身道德规范。

（2）人口统计因素对可再生能源利用行为的影响研究。很多学者从量化的角度即采用计量模型的方法研究发现那些对可再生能源技术更容易接受的群体大多是接受过良好教育、家庭年收入水平较高以及年龄较小的人。例如刘等（Liu et al.，2013）的研究结果表明收入和受教育水平与可再生能源技术的使用呈正向关系而年龄与其呈反向关系。袁等（Yuan et al.，2011）调查研究了社会群体对太阳能系统也即 ST 的接受程度，结果表明受教育水平、家庭年收入与年龄是影响 ST 使用的重要因素。牛等（Niu et al.，2014）的研究结果表明中国北方地区的农村使用可再生能源技术的比例较全国来说很小，这说明阻碍可再生能源技术在农村发展的主要根源在于中国农村传统意义上的能源使用模式。牛叔文等（2015）研究发现收入水平、生活方式、家庭规模、人均耕地面积以及年均取暖时间是影响可再生能源利用的重要因素。赵雪雁（2015）将可再生能源的研究地区选在了高原，其研究发现农村居民的谋生方式对能源消费方式选择的影响作用比其他因素要大。李登旺等（2015）从 4 个省份中选取了 409 户居民作为样本数据并利用计量经济模型对其进行分析，发现影响可再生能源使用的显著因素主要有当地的能源市场发展程度、家庭收入水平以及家庭人口组成特征等。除此之外，也有学者发现农村居民的生活方式也是影响可再生能源技术在农村普及重要因素之一。

（3）政策因素对可再生能源利用行为的影响研究。柯坚（2015）指出：当前在我国的可再生能源立法中，未对社会公众的参与、监督与政府发展可再生能源的公共决策和行政行为权利作出应有的法律规定。因而，我们能够发现在我国制定的关于农村可再生能源使用的政策中居民的知情权与参与权并没有体现出来。我国的新能源立法相比发达国家来说缺陷还是比较多的，为了更好地完善我国关于新能源方面的法律法规，我们更要从小处做起，不避重就轻，做到全面考虑（罗涛，2010）。最近几年，我国开始对相关方面的法律法规进行完善并且取得了不错的成绩，各地开始重视可再生能源的开发和利用以替代传统的能源消费，不仅提高了我国的能源保障安全程度也对经济的可持续发展贡献了不少力量。政府部门也颁布了一些具体举措比如说可再生能源技术补贴、投资和研发支持、税收政策等，但是这些政策的实施并不是非常顺利，政策实施具有时效性不可能一步到位，其中一些更是操作实施度不够，所以在制定政策时实施效果也是重要的考虑因素。李岩岩等（2013）的一项研究结果表明税收政策不利于农村能源消费结构的优化升级，征税的负面作用更大。因此，政府应该鼓励包括生物质燃料、太阳能等在内的可再生能源的使用，加大新能源技术在农村的开发利用，同时政府在制定关于农村居民使用新能源的法规时要将农村的实际经济情况考虑进去，制定出一套相符的法律法规，来推动农村地区的可持续发展。

王建明、贺爱忠、王俊豪（2011）认为，以往对于影响公众低碳行为因素的研究大多使用量化分析工具即计量经济模型进行分析，由于影响因素之间的作用机理相当复杂，研究结果可能会有偏差。因此，他们从质性角度出发并利用扎根理论（grounded theory，GT）来研究公众的低碳行为，以此探究影响因素之间的作用机理。郭丽晶等（2014）将农村居民亲环境的行为作为研究方向，并运用扎根理论这一质性研究方法建立了心理意识－情境－行为机制模型对其影响因素进行了深入探讨。杨冉冉等（2014）运用质性研究方法对影响城市居民低碳出行的因素进行了深入分析，研究结果很好地阐释了城市居民对于低碳出行所做出的行动。吕涛等（2014）运用质性研究方法扎根理论对家庭能源消费碳锁定形成机理及解锁策略进行研究，建立了一个与之相符的理论框架，对家庭能源消费中碳锁定状态的形成进行了完美诠释，并提出了一系列具有实践意义的政策建议。

以上提到的学者都很好地运用扎根理论这一质性研究方法对人们的低碳行为进行了研究，其对本书研究影响农村居民利用可再生能源行为的因素提供了新的思路。

5.2　研究方法学

在本书研究之前，我们对影响农村居民利用可再生能源行为的相关因素及其作用机理还缺乏清晰的认识。以往的研究表明大部分的农村居民不太了解可再生能源技术，对可再生能源利用行为本身的理解也不一样，在这种情况下，我们利用访谈设计和半结构化的调查问卷方法来分析影响农村居民利用可再生能源行为的因素效果会更好。因此，本章主要运用扎根理论的研究方法对影响农村可再生能源的相关因素进行分析。

格拉塞和施特劳斯在1967年出版的《扎根理论的发现》一书中，对扎根理论这一研究方法进行了概括：扎根理论就是一种以经验数据为基础并且系统地从中构建关于人类行为的理论（Glaser and Strauss，1967）。扎根理论作为一种质性研究方法被发现以后，许多学者将其运用到自己的研究领域，其中主要有经济学、管理学以及社会学领域等。考虑到程序化扎根理论在数据处理方面的巨大优势，本书利用程序化扎根理论来研究影响农村居民利用可再生能源行为的相关因素。针对我们所研究的问题，本章将根据扎根理论的主要操作流程，分三步实施：数据收集、数据分析及模型构建与分析。

5.3　数　据　收　集

5.3.1　访谈设计

前面我们已经提到使用访谈设计和半结构化的调查问卷方法研究影响农村居民利用可再生能源的因素，研究效果会更理想。调查内容如下：（1）每个家庭的基本情况，包括：家庭成员结构、家庭主要成员的年龄、受教育水平以及家庭收入等。（2）每个家庭的农林种植与畜禽养殖情况，其中包括：农作物的种植面积、果树的种植面积、年产果树枝条和秸秆量及其使用情况、喂养的家禽数量以及对其粪便的处理情况等。（3）每个家庭的基本用能情况，主要包括家庭能源消费类型、能源消费支出、能源的使用价格以及包括生物质燃料、沼气、太阳能等在内的可再生能源的使用情况等。（4）可再生能源技术的认知情况，包括：对可再生能源技术的了解程度、获得可再生能源知识的主要途径、当前最想了解的可再生能源技术种类等。（5）环保意识，包括：对当地环境的态度、对治理环境污染的支付意愿。（6）影响家庭能源消费选择的主要因素，对经济性、便利性、环境友好型等几个方面进行排序。

考虑到受访者可能会对访谈持有戒备心理，而且农民的受教育水平相对较低，对可再生能源的相关知识了解较少，表述能力有限，所以研究团队在调研之前对调研者进行了深入的培训，培养调研者在访谈过程中引导被调研者的能力。研究团队还设计了一些参与性话题，用于引导被访者聚焦于访谈主题，使被访者尽量准确地表达出对于使用可再生能源及其技术的真实想法，以保证搜集到真实有效的访谈资料。

5.3.2　调查区域

为了保证实地调查的效果，研究团队选择的样本涉及了山东省大部分地区，其中包括济南、青岛、淄博、烟台、威海、德州、东营、滨州等13个地级市。这里面包括地处鲁西北的德州、聊城和滨州等，这些地级市拥有广阔的耕地面积，这一特征决定了其同样拥有非常丰富的农作物薪柴资源，而且这些地区受到日照的时间相比其他地区来说较长，所以其太阳能和光伏发电技术发展相对较发达；也有地处胶东半岛的青岛、烟台、威海等，这些地区丘陵众多，农民种植的农作物面积较少，但是其果林业发达，果树枝条资源较为丰富；还有地处山东中部的潍坊，潍坊地区气候适宜适合蔬菜的种植并且是全国重要的蔬菜供应基地之一。其他包括位于山东东南、黄海西岸的临沂市，临沂大多是山地和丘陵地带所以其林木业很发达；还有石油资源较为丰富的东营市、煤炭资源相对丰富的济宁市和淄博市，这些地区的资源禀赋也对当地农村的能源消费产生了很大影响。

5.3.3　样本选择

研究团队在确定的各个调研区域内访谈的对象都极具代表性，是能够代表农村居民的真实想法的，而且我们是在理论饱和的标准上确定最终的样本数，是具有理论依据的不是随意决定的。经过筛选和调整我们最终决定对428位受访者进行30分钟以上的一对一深度访谈。研究团队在对访谈记录整理之后得到414份有效访谈资料。受访者的基本情况如表5-1所示。

表5-1　　　　　　　　　　受访者信息统计表

分类		人数	比例（%）
性别	男	171	41.3
	女	243	58.7
年龄	小于30岁	27	6.5
	30~40岁	81	19.6
	40~50岁	189	45.7

分类		人数	比例（%）
年龄	50～60 岁	90	21.7
	大于 60 岁	27	6.5
受教育水平	小学及以下	63	15.2
	初中	297	71.7
	高中	36	8.7
	大专及以上	18	4.3
年收入情况	小于 10000 元	8	17.4
	10000～50000 元	13	28.3
	50000～100000 元	20	43.5
	大于 100000 元	5	10.9

5.4　数　据　分　析

数据分析是运用扎根理论研究问题的重要步骤，其实质就是对调研获得的数据资料进行编码处理的过程。所谓编码，是扎根理论研究的一个专业名称，就是对原始资料的内容进行概念化处理，并在属性和维度的基础上得出所需类属的过程（Corbin and Strauss，2015）。研究团队将调研获取的原始资料进行编码整理，并利用质性分析软件 NVivo10 对数据进行深入分析。

5.4.1　开放性编码

所谓开放性编码，就是对搜集到的原始资料进行概念化和类属化的过程，也是对原始资料进行重新整合处理后提炼出关键概念的过程。开放性编码主要包括四个重要环节：（1）张贴标签；（2）发现类属；（3）命名类属；（4）概念化类属。在对原始资料进行开放性编码的过程中，研究者需要保持一种开放的态度，不能先入为主，要完全抛弃以往的研究定见和个人偏见，努力将所有原始资料按其自身所呈现的初始状态进行编码处理。

在对调研所获得的原始资料进行概念化和类属化之后，我们得到了36个初始概念和16个类属，这16个类属分别是：经济成本、技术发展水平、使用友好性、政府环保政策、政府补贴政策、配套服务、环境意识、个人责任感、行为效果意识、能源意识、能源问题关注度、生活方式、生产方式、产业发展、信息宣传和模范效应，如表5-2所示。

表5-2 开放性编码

类属	具有代表性的初始概念
经济成本	对农民来说省钱肯定是第一位的，环保这样的想法太远了。（省钱）
	用机器粉秸秆一亩地要花八九十块钱呢，为了省钱，很多人把麦秆直接扔地头上。（省钱）
技术发展水平	以往建的沼气池使用效果不好，产气量不足。（技术不成熟）
	沼气池的密闭效果不好，周围总是臭熏熏的，还找不出来漏气的地方，不敢再用了。（技术不成熟）
	和以前相比，现在建的沼气池结构和原料都不一样，产气量大，出料也更方便了。（技术改善）
使用友好性	用电做饭好，既方便又干净。（使用方便）
	烧秸秆脏，地里的庄稼秸秆没人要，直接粉碎还田啦，这样省劲。（使用脏、麻烦）
	装沼气很麻烦，需要在厨房墙上打眼、挂表、按管道。（安装麻烦）
	沼气冬季产气不足，还要准备一套液化气灶，两套灶既占地方又麻烦。（使用麻烦）
	我们烧这点柴火，能有多少污染啊？（个体行为效果感知）
政府环保政策	现在没有人烧荒了，政府不允许。（大气污染防治政策）
	为了治理雾霾，我们这里现在不准烧散煤了。（禁烧散煤政策）
	养殖的废水、猪粪不处理，政府就不准养猪，所以我也想建沼气池。（农村环境治理政策）
政府补贴政策	建沼气池挺贵的，国家不给补贴，很少有人会建。（政府补贴）
	政府的想法是好的，但是政策设计有问题，光补助建沼气池还不行，要关注后期扶持。（补贴政策设计）
配套服务	沼气技术并不完善，如果政府多提供一些技术上的支持就更好了。（技术支持）
	沼气使用后留下的残渣很难处理，虽然政府给我们配了专门清理沼渣的车子，但是这些出料车并不能永久使用，用过几年就会报废。（配套环节）

类属	具有代表性的初始概念
配套服务	用沼气做饭或烧水时会有很难闻的味道，不敢轻易用，而且也没有人来专门处理这个事。（技术服务）
环境意识	燃烧剩余秸秆产生的有毒气体会污染环境。（环境意识）
	未完全使用的动物粪便随意堆放很不卫生。（环境意识）
	环境整洁度和使用能源的方式大有关系，有新的能源可以使用为什么不去尝试呢。（能源使用方式）
个人责任感	现在天气没有之前好啦，经常有雾霾，烧荒的也没有啦。（个人与社会相关性）
行为效果意识	我们农村人造成的污染哪有城市多，你看看城市那些化工厂和汽车尾气造成的污染多严重。（群体行为效果感知）
能源意识	光伏发电是个趋势，能源少了就要节约，想新办法。（能源有限性认识）
	能使用可再生能源当然好啦，关键是不懂，不太了解。（能源技术认知）
能源问题关注度	可再生能源在农村很有发展前途，不仅对环境污染小而且还用之不竭，我们当然愿意用啦。（能源问题关注）
	平日里大家都忙着弄自己家的果园哪有时间关注环境污染和可再生能源啊。（能源利用关注度）
生活方式	农村基本每家每户都有炕，冬天冷的时候就烧那些果树枝条暖炕，睡在上面可暖和了。（生活习惯） 往年冬天冷的时候我们都是烧散煤来取暖，没怎么用过别的。（生活习惯）
	现在基本上都用电、液化气，偶尔烧柴火。（用能方式）
	在经济条件允许的情况下，愿意为改善环境而改变用能方式。（个人环保责任感）
生产方式	现在比以前更加机械化了，收完庄稼剩下没用的秸秆我们都用专门的机器打碎扔地里了，不会再人力扛回家了。（农业机械化）
	现在农村的农业技术都挺发达了，那些果树枝条我们都用打捆的机器直接打捆再用车拉回家。（生产方式）
产业发展	我们这里果树多，每年修剪的果树枝条都用不了就扔了，很浪费，能利用起来就好了。（林果业发展）
	我们周边有好几家养猪场，这些猪粪要是能处理一下就好了，这样既解决了污染的问题，还能够给果树提供肥料。（养殖业发展）

类属	具有代表性的初始概念
信息宣传	我都是从电视上了解的一些能源知识。（认知宣传）
	现在获得可再生能源利用的相关技术很难。（技术宣传）
模范效应	我们村的村长和书记都同意安装那个太阳能发电发热系统。（关键人物表率）
	我们村里原来的书记建了一个沼气池，他让我们大家无偿用，也确实好用。（重要人物示范）
	有一段时间我看村里的好多户人家都开始安装沼气设施，我也就跟着人家一起弄了一套。（群体作用）

5.4.2 主轴性编码

所谓主轴性编码就是将开放性编码所分别命名的资料予以聚集，顺着向度与属性的直线，将主类属和次类属的相关性联结，并比较不同类属。在本研究中，研究团队将初始化概念得到的类属进一步归纳为心理意识、社会环境、使用成本和制度环境这 4 大主类属。表 5 - 3 为经过主轴性编码之后得到的 4 大主要类属及其对应的次类属之间的关系。

表 5 - 3　　　　　　　　主要类属及其次要类属之间的对应关系

主类属	次类属	主次类属的对应关系
心理意识	能源意识	对能源技术水平的了解不深入会对可再生能源的使用意识产生影响
	能源问题关注度	是否关注能源问题以及对其的敏感程度会对可再生能源的使用意识产生影响
	环境意识	是否意识到环境问题会对可再生能源的使用意识产生影响
	个人责任感	个人责任意识及个人与社会相关性会对可再生能源的使用意识产生影响
	行为效果意识	认识到使用能源方式的重要性会对可再生能源的使用意识产生影响
社会环境	信息宣传	能源知识的宣传影响居民利用可再生能源行为与社会环境要求相符
	相关产业发展	可再生能源有关的产业发展影响居民利用可再生能源行为与社会环境要求相符
	群体作用	群体影响及关键人物的模范作用影响居民利用可再生能源行为与社会环境要求相符

主类属	次类属	主次类属的对应关系
社会环境	生活方式	生活习惯、用能方式会影响可再生能源利用决策过程中的心理意识
	生产方式	生产方式的改变会影响可再生能源利用的心理意识
利用成本	经济成本	使用能源的经济成本是可再生能源利用的直接成本
	使用友好性	使用能源的友好性会影响可再生能源利用的间接成本
	技术发展水平	能源技术发展水平会影响可再生能源的利用成本
制度环境	环保制度	政府政策的制定和实施会影响可再生能源利用的制度技术情境
	补贴制度	政府的支持力度和后期服务会影响可再生能源利用的制度技术情境
	配套服务	与可再生能源技术相关的配套设施会影响可再生能源利用的制度技术情境

5.4.3 选择性编码

所谓选择性编码，就是在现有类属之间挖掘、提炼出核心类属，并将其作为主线和核心，构建其他类属和核心类属之间关系的过程。通过反复不断的比较和挖掘各类属之间的联系，我们最终确定了"农村可再生能源利用的影响因素"这一核心类属。本研究中，主要类属之间的关系结构如表 5-4 所示。

表 5-4 主要类属的关系结构

关系结构	含义
心理意识——行为	心理意识是影响可再生能源利用行为的内部因素，其直接决定农户是否会使用可再生能源
社会环境——行为	社会环境是影响可再生能源利用行为的外部因素，会影响农户的心理意识，进而对其行为产生影响
利用成本——行为	利用成本是影响可再生能源利用行为的直接因素，在一定的心理意识状态下，利用成本的高低是决定农户是否采用可再生能源的直接因素
制度环境——行为	制度环境是影响可再生能源利用行为的间接因素，会影响意识—行为之间关系的方向和强度

5.5 模型构建与分析

在经过开放性编码、主轴性编码和选择性编码三级编码分析的基础上，项目组构建了以"农村可再生能源利用的影响因素"为核心类属，以"心理意识、社会环境、利用成本和制度环境"为 4 大主类属的理论模型（见图 5 - 1）。该理论模型将三级编码之间的相互联系更直观地展现出来，同时也从理论上剖析了农村居民利用可再生能源行为的影响机理。

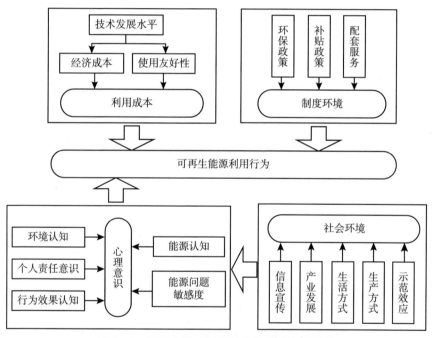

图 5 - 1 可再生能源利用行为的影响因素模型

基于扎根理论的研究表明：驱动农户产生可再生能源利用行为的主要因素可以概括为心理意识、社会环境、利用成本和制度环境这 4 大方面。不过，各类因素对于可再生能源利用行为的作用机理和影响路径各不相同。下面，针对不同方面影响因素的具体影响路径进行进一步的阐释。

5.5.1　心理意识的影响

以往的研究发现，心理意识决定人的行为动机，当人做出某项行动时，心理意识发挥着决定性作用。同样的，在可再生能源利用方面也是农户的心理意识决定其是否做出利用可再生能源的行为，其是内在影响因素。而关于心理意识决定人的行为不同的学者持有不同的观点。例如，蔡科云等（2015）认为环境态度对环保行为存在正向预测作用，也就是说心理意识和行为这两者具有一致性；但也有学者认为两者不是完全具有一致性，例如，尹永超（2012）的研究结果就证明了这两者的不一致性。

通过调研，我们发现：更强的环保意识并不一定促使环保行为的必然发生，除了意识强度的影响之外，意识的来源和结构对两者的一致性也有重要影响作用。（1）心理意识来源的影响。当我们通过更多的实践而产生环境意识的话，环境意识就会对可再生能源的利用行为产生更加积极的影响；反之，当心理意识主要来自书本的说教时，环境意识对行为的影响就不那么显著了。如果能让农户切身感受到使用可再生能源的好处，那么农户也就有更强的意愿加入可再生能源的利用队伍中去，我们的实地调查中也有地区这么做了，成效很好。（2）利用意识结构的影响。当个体的意识结构包含更多的个体情感时，利用意识会提高可再生能源利用行为的可能性；如果农户的意识结构中仅仅包含能源知识认知而没有其他认知，则利用行为发生的可能性就相对较低。具体来说，如果农村居民仅仅是了解一些能源知识，而没有环境保护和个人责任方面的认知，那么他们利用可再生能源的主动性就会弱很多；相反，环境问题认知和个人责任意识会提高农村居民利用可再生能源的比例。我们在调研中遇到的代表性观点包括："烧荒污染环境，现在基本上没有人烧了""太阳能光伏发电干净、对环境好，有条件的话我也愿意安装"等。

因此，要推动可再生能源在农村的发展，需要加强对心理意识结构中环境意识以及个人责任意识的宣传和教育，通过提升农民的心理意识水平来促使他们发自内心地、主动地采用可再生能源。

5.5.2　社会环境的影响

社会环境是通过影响农户的环境意识来影响其能源利用的决策行为

的，它是农户产生利用可再生能源行为的外在因素。社会环境包括生活习惯、生产方式、产业发展、信息宣传和模范效应等方面。生活和生产方式属于社会环境的重要内容，对于农民的心理意识有着很强的影响，随着农村生活和生产方式的转变，农民也逐渐追求更高的生活品质，这对于发展可再生能源提供了良好的机遇。相关产业（如太阳能光伏发电）的发展，对于农村居民利用可再生能源也有很大的促进作用。实践也证明，信息的宣传和群体或关键人物的影响可以提高农村居民对可再生能源的认知水平。特别地，示范工程的建设更有利于起到技术的引导和宣传作用。在农村，虽然有部分居民对可再生能源有一定了解，但是他们很少加入实际应用的队伍中来。若有重要人物的带头示范，情况就会大不一样，调研中很多农村居民表示，"看着别人用得好，那我也用"。

因此，营造一个鼓励可再生能源发展的良好社会环境，将会影响农户的心理意识，从而有利于可再生能源在农村的发展。

5.5.3　利用成本的影响

利用成本是影响农村居民利用可再生能源的直接因素，包括经济成本和使用友好性两个方面。农村居民作为一个理性的、至少是有限理性的经济人，其能源消费决策的过程也遵循效用最大化的原则。我们的调查发现，经济成本是影响农村居民决策的第一因素，另外，使用的友好性也是影响可再生能源利用的重要因素。

在农村地区利用可再生能源的经济成本包括购买、建设相关设备的成本，后期的运行、维护和服务成本等。使用友好性与农村居民的生活方式和能源使用的便利性有关，当居民习惯了用烧柴的大锅做饭、冬季烧煤取暖这样的传统生活方式，这时让他们改变习惯利用可再生能源就具有较强的转换成本；而当农村居民的生活观念发生改变，追求清洁、环保的生活环境，那么他们利用可再生能源的转换成本就会相对较低。另外，可再生能源资源丰富的地区，利用可再生能源的实际成本会大大降低，就有利于可再生能源的发展；而那些缺少可再生能源资源的地区，其利用可再生能源的成本会很高，这会阻碍可再生能源在该地区的发展。

因此，降低可再生能源的利用成本是促进农村地区利用可再生能源的一个重要措施。一方面，要加大技术的研发力度，努力降低可再生能源技术的经济成本；另一方面，要根据不同地区的资源禀赋，因地制宜地发展具有地方优势的可再生能源技术。

5.5.4 制度环境的影响

制度环境是影响农村可再生能源利用的间接因素。制度环境包括环保制度、补贴制度和配套服务等方面。在调研中，补贴政策是被提及最多的一个方面，其中代表性观点有："投资建生物质颗粒厂的成本太高，国家如果不给补贴，谁会建?""烧生物质颗粒的炉子太贵了，没有政府补贴没人愿意买"等。配套服务也是农户普遍关心的问题，如沼气池的后期维护，沼渣、沼液的处理等问题就是制约沼气池使用的关键因素。而环保政策对于农村居民利用可再生能源来说具有很大的促进作用，如禁止烧荒、禁止烧散煤等。

因此，创造良好的制度环境也是促进农村可再生能源发展的一个重要因素。一方面，要严格环境立法，禁止随意处置畜禽粪便和农作物秸秆，为发展可再生能源提供原料来源和内在动力；另一方面，政府提供补贴，降低农村利用可再生能源的成本，特别是要在农村建立技术和维护服务网络，为农户使用可再生能源提供技术支持。

| 第6章 |

农村居民利用可再生能源行为的
博弈模型研究

6.1　农村居民利用可再生能源行为的博弈分析

　　农村居民作为农村可再生能源利用的主体，其决策行为受到社会环境和其他群体决策的影响。围绕着是否利用可再生能源这一问题，农村居民之间、农村居民与政府以及企业之间存在着博弈关系。这些博弈关系大致可以归纳为三类：（1）信念影响博弈；（2）信息传递博弈；（3）政策影响博弈。下面，本节对这三类博弈关系分别构建模型进行分析。

6.2　信念影响模型

　　本节首先采用信念学习虚拟博弈模型，从理论上描述农村居民和政府在可再生能源利用决策互动过程中逐渐趋于稳定的情形；然后通过对典型农村居民群体的跟进调研，基于特定的实验设计，考察信念形成规律以及信念对农村居民行为的影响，进而为政府制定农村可再生能源的宣传教育方案提出合理有效的意见。

6.2.1　理论基础

　　在虚拟博弈的初始阶段，农村居民并不确定政府的具体行动，对自己的行动选择所能获得的期望支付也不具备完全信息。但是，随着虚拟博弈的重复进行，农村居民会记住政府之前的所有行为选择，并根据政府过去的每一期的行动设定相同的权重。假定农村居民对于政府选择行动 g_i 所赋予的信念权重为 $b(g_i)$。从第 $t-1$ 期到 t 期，如果政府选择行动 g_i，农村居民给定的信念权重相应增加 1；如果政府没有选择行动 g_i，信念权重保持不变。式（6.1）表示了信念权重的更新规律：

$$b_t(g_i) = \begin{cases} b_{t-1}(g_i) + 1 & \text{在 } t \text{ 时期政府选择行动 } g_i \\ b_{t-1}(g_i) & \text{在 } t \text{ 时期政府不选择行动 } g_i \end{cases} \quad (6.1)$$

在第 t 期虚拟博弈中，由农村居民形成的关于政府选择行动 g_i 的概率 $\mu(g_i)$ 可以表示为：

$$\mu_t(g_i) = \frac{b_t(g_i)}{\sum_{i=1}^{k} b_t(g_i)} \quad (6.2)$$

给定政府选择各行为的概率 μ_t，农村居民可以将每一个纯策略 f_i 对应其期望支付 $\pi(f_i/\mu_t)$。在第 $t+1$ 期，农村居民选择某一纯策略 f_i 的概率可以表示为：

$$P_{t+1, f_i} = \frac{\exp[\pi(f_i/\mu_t)]}{\sum_{f_i \in F} \exp[\pi(f_i/\mu_t)]} \quad (6.3)$$

农村居民的最优选择是所获期望支付较高的策略，也就是概率较大的策略。信念权重表明，尽管农村居民不知道政府行为选择的策略，但是坚信政府不会轻易改变行为策略。即使农村居民的初始信念是错误的，在虚拟行动的持续进程中，农村居民最终也会意识到信念的错误性并及时纠正信念权重。

6.2.2 实验设计

政府和农村居民是虚拟博弈的参与者，政府是先行者，农村居民是反应者。在每次调研之前，政府会对农村居民进行关于发展农村可再生能源的宣传教育，宣传的方法、内容等由政府自行决定。然后，本研究小组从接受政府宣传教育的农村居民群体中随机抽取一部分农村居民，调查农村居民对农村可再生能源的反应程度。调查问卷的内容、评分标准都将在每次实验之前向实验对象公开透明，使农村居民尽可能清楚虚拟博弈的规则制度。相邻两次调研之间会保持一定的时间间隔，同时每次调研结果都将及时公布，使得农村居民能够充分了解之前农村居民的支付状况。然后，基于对政府行为的信念，农村居民决定当期是否选择可再生能源。如果采用可再生能源，农村居民又将根据政府行动的概率，判断应付出何种程度的努力。

一直以来，农村环境问题严重的根源在于居民对传统能源的依赖，这也是威胁农村经济可持续发展的根源所在。为了引导农村居民选择可再生能源，政府会加强对农村可再生能源应用的宣传教育，使农村居民意识到传统能源的低效性；同时提供一定的激励措施，至少保证农村居民对可再生能源时的选择情况不可能变坏。为便于比较调研结果，政府将农村居民能源消费行为的评定结果分为差、一般、良好、优秀四个等级，"差"赋值区间为 0 ~ 5，"一般"为 6 ~ 10，"良好"为 11 ~ 15，"优"为 16 ~ 20。在不同的评估区间内，政府可得效用分别为（-1，0，1，2）。相应地，农村居民对政府激励的行为反应为：无明显反应、反应较弱、积极反应和超出政府预期的反应，所得效用集分别为：（-1，0，1，2）。

表 6-1 表示政府和农村居民在农村能源选择过程中不同行为策略下的收益矩阵。政府的宣传教育会使得农村居民意识到传统能源带来的不利影响，即当农村居民选择传统能源时，其所得效用为 -1。因此只要政府激励足够合理，农村居民一般都会选择可再生能源。如果农村居民选择可再生能源，但是调研结果却发现实际可再生能源使用率较低，这时政府宣传效果并未得到很好的反应，政府将付出额外的努力，即政府所的效用为 -1。如果农村居民对政府宣传教育的响应程度一般，表明政府的努力没有白费，至少政府的情况并没因此变坏，即政府效用为 0。如果农村居民积极响应农村可再生能源发展战略，政府的宣传努力将获得较好的结果。农村能源结构优化升级，不仅提高了地方经济发展潜力，同时也能够改善居民居住环境，提升居民生活水平，实现政府和农村居民"双赢"目标。农村居民对政府宣传教育的响应越积极，"双赢"效果越明显。虚拟博弈的最佳行为组合是，在既定评级标准下，农村居民积极响应政府的可再生能源宣传教育，那么农村可再生能源发展战略将获得巨大成功。

表 6-1　　　　政府和农村居民在能源选择过程中的收益矩阵

		农村居民	
		传统能源	可再生能源
政府	差	-1，-1	-1，0
	一般	0，-1	0，0

		农村居民	
		传统能源	可再生能源
政府	良好	0, −1	1, 1
	优秀	0, −1	2, 2

6.2.3 实验实施

2016 年，研究团队在山东省开展农村可再生能源利用调研活动，共得 674 份有效调研问卷。调研结果发现，152 个农村居民对可再生能源的宣传教育无明显反应，263 个农村居民反应一般，178 个农村居民反应良好，81 个农村居民反应优秀。初始调研结果表明，山东省农村居民对农村可再生能源的宣传教育的响应普遍较弱。预测导致该问题的原因有两个方面，其一是农村可再生能源的宣传教育并没有全面到位；其二是农村居民并不相信政府会严格实行宣传中可再生能源激励政策。根据调研结果，本节设定农村居民赋予政府行动的初始信念权重为 "差" 152、"一般" 263、"良好" 178、"优秀" 81。基于信念权重，计算农村居民所认为的政府行动概率分别为："差" 0.2255，"一般" 0.3902，"良好" 0.2641，"优秀" 0.1202。依据政府的行动概率，分析农村居民的不同反应程度可得期望收益为 0，0，0.2641，0.2404。农村居民预计选择可再生能源的期望收益可得 0.5046，选择传统能源可得预期收益 −1，数据表明农村居民选择可再生能源策略是有利的，但是农村居民对政府宣传教育的反应仍然不足。

研究团队对这些农村居民的可再生能源使用状况进行跟进调研，意在分析政府宣传教育对农村居民行为的影响。为了简化研究过程，我们从 672 个样本中选择地理位置较近的 200 个样本作为研究对象。课题小组成员每过 2 个月从这些样本中随机抽取 10% 的农村居民，通过电话考察农村居民对可再生能源的实际利用状况，以保持农村居民对可再生能源的敏感性。所考察的问题包括：（1）农村可再生能源的类型；（2）农村居民家庭太阳能热水器、沼气池、风电等可再生能源的使用状况；（3）农村居民对当前农村可再生能源发展政策的了解程度；（4）农村居民是否愿意投资或者扩大可再生能源的使用规模……在虚拟实验开始前 1 个月，本课题小组会告诉农村居民本次实验的问题、评分标准和考察规则。每次实验后，我们会以短信的方式将每期博弈结果发送给每一位农村居民，从而保证第i期农村居民能够充分掌握其他参与者的信息。实验数据从2016年8月开始提取，最终共提取了6组数据用于比较分析，并且尽可能保证提问的内容和评分标准相对一致。

6.2.4　实验结果

试验次数越多，农村居民从其他参与者的行动选择中获得的经验越多，从而不断优化自己的最优决策。由图6－1可知，实验平均分数值随着实验期数的增加而增加，表示当期农村居民会通过观察其他农村居民的行动，"继承"并强化政府行动所释放的信念，使得政府宣传教育的博弈设计有效，最终使得虚拟博弈向理想的政府宣传目标收敛。

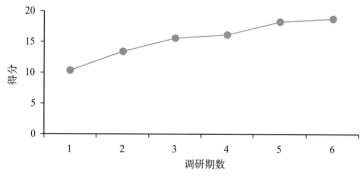

图6－1　实验居民平均得分示意

在长达1年的跟进调研中，累计有7人被重复抽到。4人被重复抽到2次，2人被重复抽到3次，1人被重复抽到3次。在这7人中，有5人的评分得到了显著的提升，1个人的评分保持不变，1人的评分出现降低。结果表明农村居民自身信念的更新率达到了71.423%，政府宣传教育存在鲜明强化作用。但是，政府宣传教育也存在一些问题，使得少数农村居民无法正确理解政府发展农村可再生能源的强烈意愿。

通常情况下，根据信念学习模型，农村居民得到的评分越高，其所获得的期望支付越高。结合第一次实际调研的情况，本节将200个农村居民按照评分的高低进行排序。令排名前40名农村居民的期望支付为17，排名41～80名农村居民的期望支付为15，排名81～120名农村居民的期望支付为 13，排名 121 ~ 160 名农村居民的期望支付为 11，排名 161 ~ 200 名农村居民的期望支付为 9。在第 1 次实验中，20 位被考察农村居民中有 8 位的实际支付情况与预期的不同，出现了负支付的情况，信念学习模型的准确率仅为 60%。在第 3 次实验中，实际支付偏离预期支付的农村居民个数下降 5 位；获得正支付的农村居民个数为 11 位，所占比例显著上升。在第 6 次实验中，实际支付超出预期支付的农村居民共 17 位，占比 85%，且实际支付与期望支付的差额显著大于前 5 次实验。该实验结果说明，政府宣传教育确实改进了农村居民对农村可再生能源战略的反应，使农村居民获得了超额支付，也就是说信念学习模型是有效的。

6.2.5 研究启示

本节基于信念学习理论构建了虚拟博弈模型，通过跟踪调研既定的农村居民群体获取必要的虚拟实验数据。实验结果表明，政府通过宣传教育确实有利于提高农村居民接受农村可再生能源发展战略。

（1）完善农村政策信息宣传制度和反馈制度，提高农村信息对称性。在信息不完全的情况下，即使可再生能源优于传统能源，农村居民也不会轻易改变传统的用能方式。信息对称是农村居民做出理性判断的前提条件。纵观整个实验过程，农村居民对实验评分细节的了解越深入，对其他被考察的农村居民的反应以及所得到的实际支付了解越充分，在当前农村居民越能做出超出预期的反应，从而获得差额支付。因此，政府在推广农村可再生能源政策前，首先，应加强农村可再生能源宣传教育，使得农村居民充分认知农村发展可再生能源的优势和有利之处；其次，对于已经取得成功的农村可再生能源建设项目，政府应积极推广和宣传，提高农村居民对政府政策的信念；对于效果平平的农村可再生能源建设项目，政府也应及时反馈给上级部门，并公告当地及附近农村居民，以便于发现可再生能源推广过程中存在的不足之处。

（2）增强政府宣传教育的持续性，提高农村居民对农村可再生能源发展政策的敏感性。持续教育是虚拟博弈实验的一个重要特征，也是增强农村居民信念的一个重要原因。由调研结果可知，信念强化过程是一个持续增强的过程。在初始时，农村居民平均得分增长较快，继而增长速度变缓。这说明在实验后期，相同的宣传努力得到的农村居民反应会逐渐变弱。换句话说，在可再生能源推广后期，为了强化宣传效果，政府必须付出更大的宣传努力。在开展农村可再生能源的宣传活动时，政府不仅仅要重视宣传的即期效果，更应从长远的视角进行规划，维持农村居民参与可再生能源建设的积极性。

（3）增加宣传方式的多样性，提高宣传内容的合理性。即使在第6次实验，仍有少数农村居民的实际支付并未达到预期的支付水平，甚至出现了负支付的情况，说明了政府宣传仍然存在不合理的地方。一方面，政府应综合采用多种宣传方式，例如，广播、报纸、墙面广告等，增强农村居民选择可再生能源的行动意识。有条件的地区，政府可以通过电视、互联网、手机短信的新方式，使农村居民及时了解当前农村可再生能源政策演变动态。另一方面，不同的可再生能源之间存在较大的差异性，例如，小水电和光伏之间，无论是资金筹款还是后期管理上都存在巨大的差别。因此政府应根据不同的可再生能源，制订不同的可再生能源推广方案。最后，宣传的内容不能只避重就轻，只谈好不谈坏，让农村居民全面地了解农村可再生能源政策是实现农村可再生能源可持续发展的必要条件。

6.3　信息传导模型

从微观层面来说，农村社会是由众多农村居民个体组成的，只有转变农村全体居民能源的消费方式，才能实现农村可再生能源的全面发展。在合理的激励政策下，农村居民投资可再生能源的倾向将显著提高。但是，由于农村信息基础设施的不完善，政策信息难以得到有效传播。因此，政府在农村可再生能源的建设过程中必须重视政策信息在地方农村居民群体中的传播动态，采用恰当的方式改善政策信息的传导效果。

6.3.1　社会网络演化模型的构建

本节采用 Agent 建模方法，基于复杂网络理论建立农村可再生能源政策信息传播的社会网络模型。结合农村社会网络的特点，以 BA 无标度网络作为基本模型，将网络中的节点看作农村居民个体，然后采用费米规则模拟政策信息在农村社会中的传导过程。

1. BA 无标度网络模型的构建

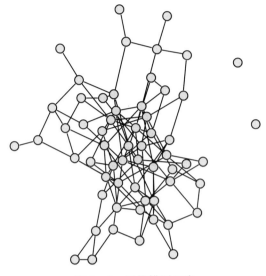

图 6 - 2　网络模型示意

　　受地理环境和通信设施的影响，即使在一个农村社会中，不同农村居民之间联系的紧密程度也存在较大的差异性。有些交通和通信便利位置的农村居民与大多数其他居民都保持着紧密的联系，而有些位置较为偏僻的农村居民可能会被其他农村居民所孤立。基于上述分析，本节采用 BA 无标度网络模拟农村人际关系特征。在 BA 无标度网络中，各节点之间的联系是以一定的概率而存在的，少数节点可能拥有大量的相邻节点，有些节点则可能不存在相邻的节点，与农村社会结构有较高的契合度。BA 无标度网络的构建过程如下：

　　（1）创造 n 个节点，每个节点代表与可再生能源政策信息直接相关的地方农村居民。为了区分农村居民的能源消费状况，本节将选择可再生能源的农村居民标志为"1"，将拒绝接受可再生能源的农村居民标志为"0"。

　　（2）给定一个概率水平 ρ，构建不同节点之间的随机联系。对于相连的节点，我们称之为相邻节点，即表示农村居民在空间或信息上的"邻居"。节点的连线越多，该点表示的农村居民所拥有的邻居越多，影响力也越大。

（3）相邻节点之间会通过某种规则相互交换信息，也就是说相邻节点之间的连线形成了政策信息在农村社会中的传播渠道，由此构成政策信息传导的基本网络模型。

2. Agent 模型构建

Agent 建模是一种"自下而上"的建模方法，通过对农村居民个体之间的行为刻画，显示农村社会复杂系统的宏观演化过程。在既定的农村社会中，每个农村居民具有不同的属性特征，决定了其对可再生能源项目需求的不同，进而影响农村可再生能源政策的实施效果。在政策信息扩散的政策过程中，大多数农村居民对可再生能源的态度及需求或多或少地受到邻居的影响。随着农村居民间交流次数的增加，政策信息在一定程度上会被逐渐扭曲，从而导致农村可再生能源政策失灵。因此，政府不仅要重视可再生能源政策信号在农村社会中的传递速度，更应时刻监管并调控政策信号在传播过程中真实度和可信度。

本节从微观视角出发，以地方农村居民为研究对象，采用 Agent 模型考察农村可再生能源政策信息传导的影响因素。本节提取与政策信息传导演化过程相关性最强的几个变量，基于不同的变量特征展开仿真研究：

（1）对可再生能源的需求。受到收入水平、认知能力等因素的限制，不同的农村居民对可再生能源有着不同的偏好程度。通常来说，收入越高，影响力越大的个体更容易受到可再生能源政策的影响。农村居民收入分布大多呈"中间高，两头低"的分布规律，因此本节假设农村居民对可再生能源的需求区间为 [-1，1]，数值越大，表示农村居民需求越大。在该区间内，农村居民对可再生能源的需求呈倒 U 形分布，表示高需求和低需求水平的人较少，大多数农村居民需求水平一般。均值 μ 越大，表示农村整体需求水平越高。

（2）农村社会的结构。各节点相邻的概率 ρ 值越高，农村居民之间的联系越紧密。农村社会是一个具有代表性的熟人社会，存在对周围人影响较大的"公众人物"，例如，村干部、农村企业家等，这些人的能源消费行为对相邻农村居民具有明显的"示范效应"。本节选择度最大的节点作为初始突变点，即最初受到可再生能源政策影响并选择投资可再生能源的农村居民。变异节点的度越大，政策信息传递的范围越广。反之，对于被孤立的节点，政府会选择性暂时将其"忽略"。

（3）政策信息的真实度。在政策信息传导的过程中，存在一些扭曲政策信息真实度的因素，例如，农村居民对可再生能源政策的理解有限、政策传播者刻意隐瞒部分信息等。政策信息从初始变异节点到达第 i 个农村居民所需要的时间越长，其真实度越低，农村居民从政策信息中所得预期效用也越低。当农村居民 i 接收到可再生能源信息时，如果农村居民 i 愿意接受可再生能源策略，由于示范效应的存在，政策信息能够以较高的真实度 v 向下传递；如果农村居民 i 拒绝可再生能源，该农村居民也会拒绝传递政策信息。

（4）农村规模。一方面，农村规模 n 越大，在既定的相邻概率 ρ 值下，农村居民存在邻居的可能性越高，则被孤立的节点数量越少。对于农村居民 j 而言，其拥有的邻居越多，越有利于农村居民 j 从众多的政策信息中提取出真实信息。另一方面，农村规模 n 越大，意味着网络演化模型实现均衡状态可能需要的时间会更多，政策信息被扭曲的程度也会越大。

3. 网络演化规则的确立

在第 t 轮博弈中，假设农村居民 i 接收到政策信息，并从中获得的期望效用为 $v^t T$，其中 T 表示政府真实提供的政策激励强度。农村居民 i 对可再生能源的需求为 D_i，则农村居民 i 的选择可再生能源可得实际收益为 $U_i = v^t T + D_i$。假设农村居民 j 是第 $t+1$ 期政策信息的接收者，且农村居民 i 是农村居民 j 效用最大的邻居。农村居民 j 的初始能源策略为传统能源，所得效用为 $U_{j,t}$。为便于分析，本节假设农村居民选择传统能源策略时所得收益 $U_{j,t}=0$。如果受农村居民 i 的能源策略的影响，在 $t+1$ 期农村居民 j 模仿农村居民 i 的行为可得收益为 $U_j = v^{t+1} T + D_j$。

费米函数是网络演化博弈常用的策略更新规则。若农村居民 i 的本轮收益大于邻居农村居民 j 时，那么在下一轮博弈中，农村居民 j 将以某一概率模仿农村居民 i 的策略。这种模仿概率用费米函数表示为：

$$W_{sj \leftarrow si} = \frac{1}{1 + \exp[(U_j - U_i)/k]} = \frac{1}{1 + \exp(-U_i/k)} \tag{6.4}$$

其中，S_i 表示节点 i 在本轮的能源策略，对应收益为 U_i；S_j 表示邻居 j 在本轮的能源策略，对应的收益为 U_j。如果 $U_i > U_j = 0$，邻居 j 会以较大的概率模仿农村居民 i 的策略（周文兵，2019）。在信息不对称下，即使 $U_i < U_j = 0$，邻居 j 仍会以微小的概率采用节点 i 的能源策略。本节用参数 k 表示农村居民这种不理性的行为，并称其为噪音，$k > 0$。若噪音 $k \to 0$，当农村居民 i 的策略收益大于邻居 j 的策略收益时，在农村居民 j 必然模仿农村居民 i 的能源策略；若噪音 $k \to +\infty$，农村居民 j 无法理性决策，只能随机选择能源策略。如果在 $t+1$ 期，农村居民 j 发现策略变更后的收益小于策略变更前的收益,那么农村居民 j 将拒绝传递信息,并在 $t+2$ 时期纠正策略为原策略并保持不变。

6.3.2 网络演化博弈仿真

本节通过 R 语言构建了节点数目为 N 的 BA 无标度网络,对各个节点随机赋予不同的可再生能源需求,然后制订网络演化博弈的策略更新规则。在 $t=0$ 期,在缺乏可再生能源政策信息的情况之下,农村居民缺乏对可再生能源的基本认知,因此假设网络中所有节点的初始能源策略均为传统能源。在 $t=1$ 期,政府为更好地推动农村可再生能源的发展,制定了相关的激励政策,并选择邻居最多的节点作为可再生能源试点。为了使仿真顺利进行,本节设定初始政策激励强度至少使得可再生能源试点对象选择可再生能源策略是有利可图的。在 $t=2$ 期,政策信息由变异的节点沿着连线向邻居传递,接受可再生能源策略的农村居民会选择收益最高的相邻的变异节点作为策略模仿对象,模仿的概率由费米函数 W 决定。如果农村居民发现采取可再生能源策略会使得收益减少,那么该农村居民在下期会放弃可再生能源策略。依此类推,在这样的"示范效应"作用之下,可再生能源政策信息不断从变异节点向相邻的未变异的节点传递,促使农村居民根据既定的政策信息真实度去采取最优策略。当全部关联点都在这样的传播机制之下接收到政策信息并做出相应的策略决断时,网络演化博弈再次进入稳定均衡状态。该部分依据上述演化规则,结合各参数调整数据,对复杂网络理论下建立农村可再生能源政策信息传播机制进行了深入探究(周文兵,2019)。

本节讨论地方政府可再生能源发展政策作用过程中,农村可再生能源需求分布特征、农村社会结构、政策信息真实度和农村规模对政策信息传导过程的影响。在合理政策激励的前提下,假设政府原本打算实现百分之一百的农村可再生能源的建设目标,这时地方政府会提供 $t=1$ 单位的政策激励强度。本节进行了 4 组仿真分析,各组参数的具体设定如表 6-2 所示。其中,扩散深度表示收到农村可再生能源激励政策信息且选择可再生能源的农村居民比例,即当网络演化博弈稳定均衡时,变异节点数和总节点数的比值。扩散深度越接近 1,表示可再生能源政策信息的传导效果越好。为提高仿真分析的精确度,每次实验一共进行 20 次,每次博弈期数设置为 70 次,然后求得扩散深度的平均值,即后文中的扩散深度均为平均值。由于前 20 期博弈已经能够很好地展现各因素对网络演化博弈的影响规律，同时也使曲线对比更加鲜明，故图 6 - 3 中，本节提供的博弈时间只有前 20 期。

表 6 - 2　　　　　　　　　　　仿真实验参数表

	实验 1	实验 2	实验 3	实验 4
Mean(D)	- 0.5，0，0.5	0	0	0
ρ	0.01	0.005，0.01，0.015	0.01	0.01
υ	0.5	0.95	0.50，0.70，0.90	0.95
N	200	200	200	100，200，300

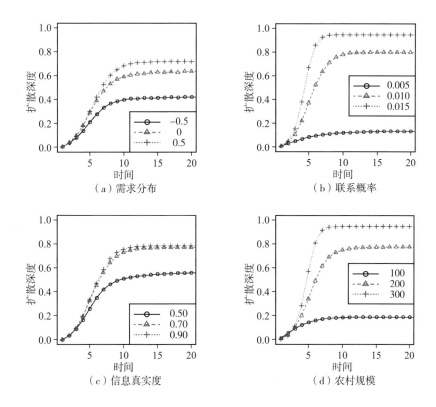

图 6 - 3　网络演化博弈仿真结果示意

结论 1：农村可再生能源的需求越大，可再生能源政策信息传导速度越快，信息扩散深度越大。

本节用农村需求的平均值 Mean(D) 表示农村可再生能源的需求分布规律，Mean(D) 的赋值越大，表示对可再生能源需求较高的农村居民数量越多；反之，Mean(D) 的赋值越小，表示厌恶可再生能源的农村居民数量越多。如图 6 - 3（a），当农村可再生能源需求的均值 Mean(D) = -0.5 时，可再生能源政策信息的均衡扩散深度为 0.43325，网络演化系统在 t = 61 时实现稳定；当 Mean(D) = 0 时，均衡扩散深度为 0.644，网络演化系统在 t = 37 时实现稳定；当 Mean(D) = 0.5 时，均衡扩散深度为 0.721，网络演化系统在 t = 25 时实现稳定。可知，一方面，可再生能源持有较高偏好的农村居民数量越多，在既定政策激励下，农村可再生能源发展速度越快，愿意投资可再生能源的农村居民也更多。但是，由于政策信息失真严重，即实验 1 中设定的 v 值较小，在政策信息传导后期，农村居民无法从可再生能源政策信息中获取足以改变其能源策略的期望收益。另一方面，农村居民之间的联系不够紧密，即实验 1 设定的 ρ 值较小，农村中存在政策信息无法抵达的孤立节点。因此，在三种需求分布特征下，实验 1 结果均为实现了农村可再生能源的全面发展。

结论 2：农村居民之间的联系越紧密，可再生能源政策信息的扩散深度越大，但是对政策信息的传导速度影响不明确。

为了避免政策信息真实度仿真结果的干扰，本节在实验 2 中设定了较高的信息真实度，即 v = 0.95。当相邻概率为 ρ = 0.005 时，可再生能源政策信息的均衡扩散深度为 0.14225，网络演化系统在 t = 19 时实现稳定；当 ρ = 0.010 时，均衡扩散深度为 0.80775，网络演化系统在 t = 24 时实现稳定；当 ρ = 0.015 时，均衡扩散深度为 0.94275，网络演化系统在 t = 12 时实现稳定。如图 6 - 3（b），提高农村居民之间的联系，能够显著增加可再生能源政策的传导效率，但与政策信息传导速度之间并不存在正相关关系。导致该现象的原因可能有两点：首先是在对可再生能源需求的随机抽样的过程中出现了偏误，但是由于重复实验，这一偏误对实验 2 仿真结果的影响是有限的；其次是相邻概率 ρ 值越大，意味着被孤立的节点越少，可再生能源政策信息需要影响的农村居民个体越多，因此网络系统实现均衡所需要的时间也越多。结果显示实验 2 的可再生能源政策信息的均衡扩散深度均未达到 100% 的水平，这代表要实现农村可再生能源的全面发展，就必须使农村社会中不存在被"孤立"的农村居民个体。

结论 3：可再生能源政策信息的真实度越高，政策信息的传导速度越快，信息扩散深度越大。

为了便于分析信息真实度对网络演化博弈的影响，本节设定的三个信息真实度 v 值之间的差异较大。当信息真实度 $v = 0.5$ 时，可再生能源政策信息的均衡扩散深度为 0.571，网络演化系统在 $t = 60$ 时实现稳定；当 $v = 0.7$ 时，均衡扩散深度为 0.77525，网络演化系统在 $t = 31$ 时实现稳定；当 $v = 0.9$ 时，均衡扩散深度为 0.78675，网络演化系统在 $t = 15$ 时实现稳定。如图 6 - 3（c）所示，在可再生能源政策信息传导过程中，信息真实度的损失越少，越有利于政策信息引导农村居民选择可再生能源策略。一方面，可再生能源政策信息真实度越高，农村居民预期从政策信息中获得的期望收益越高。由费米函数可知，投资可再生能源的农村居民所得收益越高，邻居模仿该农村居民策略行为的概率越大。因此，信息真实度与信息传导速度之间存在正相关关系。另一方面，每期可再生能源政策信息的失真程度越小，意味着有更多的接收到政策信息的农村居民选择可再生能源策略时可以获得正的收益。当农村居民选择可再生能源时的收益大于传统能源，农村居民不会轻易放弃可再生能源策略。所以，提高政策信息的真实度，有利于提高政策信息传导效果。

结论 4：农村规模越大，可再生能源政策信息的扩散深度越大，但对政策信息的传导速度影响较小。

农村规模是农村社会网络的一个重要特征，是研究网络演化博弈均衡状态时不可忽视的必要因素。当农村规模 $N = 100$ 时，可再生能源政策信息的均衡扩散深度为 0.21，网络演化系统在 $t = 13$ 时实现稳定；当 $N = 200$ 时，均衡扩散深度为 0.79225，网络演化系统在 $t = 16$ 时实现稳定；当 $N = 300$ 时，均衡扩散深度为 0.9405，网络演化系统在 $t = 12$ 时实现稳定。如图 6 - 3（d）所示，农村规模越大，农村居民存在邻居的可能性越大，相应的被孤立的农村居民数量越少，进而增加了可再生能源政策信息的扩散深度。然而，农村规模的扩张对政策信息的传导速度影响有限。尽管在既定的农村范围内，农村居民数量的增加有利于提高信息的扩散范围，但也可能延长了所有农村居民接收到政策信息的时间。此外，由于是随机抽样，节点数量的增加并不会影响农村居民对可再生能源的需求分布特征，即农村规模的扩大不会增加农村居民的模仿概率，政策信息在单个邻居之间的传导速度并未加快。因此，在通过扩大农村规模促进可再生能源政策信息传导时，政府必须考虑到农村规模的扩张对政策信息传导所需的时间的影响。

6.3.3 研究启示

本节采用了网络演化博弈理论，并利用 R 语言编程工具对可再生能源政策信息在农村社会网络中传导过程进行了仿真分析。仿真结果表明，增加农村对可再生能源的需求，提高可再生能源政策信息的真实度，对政策信息的扩散深度和信息传导速度均存在积极的影响；提高相邻概率、扩大农村规模能够显著增加政策信息的扩散深度，但对政策信息全面传导速度的影响不明确。根据仿真结果，我们提出了以下建议：

（1）基于不同的农村可再生能源需求分布特征，采取不同的可再生能源发展策略。对于可再生能源需求较多的农村，居民具有较高的可再生能源投资倾向和能力。通过可再生能源政策合理的激励，地方政府可以要求该农村在较短的时间内建设规模较大的可再生能源项目。对于可再生能源需求较低的农村，农村可再生能源项目的建设不能盲目求快，不切实际，应始终以提高农村居民生活水平为第一要务。对于该种需求类型的农村，地方政府应该长期规划、稳健实施、科学管控农村可再生能源战略计划，先以具有较高可再生能源需求的农村居民作为试点对象，如果合适，再尝试向其他众多低需求类型的农村居民按部就班地推广。

（2）完善农村通信和交通设施，提高农村居民之间联系的紧密性。由于农村基础设施的落后，可再生能源政策信息很难抵达到每一位农村居民。交通设施的完善有利于从地理空间上拉近农村居民之间的距离，使得可再生能源试点的"示范效应"发挥更为显著的效果。随着农村通信基础设施的完善，农村居民之间的联系方式会逐渐突破时间和地理位置的限制。手机、微信、QQ 等通信工具的普及促使农村居民之间的联系，有利于加快可再生能源政策信息在农村社会中的传播速度，并扩大了政策信息的扩散范围；同时，也有利于农村居民及时了解农村可再生能源政策的变动情况和邻居能源策略的演化路径，有效缓解农村信息不对称问题。

（3）加强农村信息网络监管工作，避免可再生能源政策信息被过度扭曲。由于农村政策宣传方式的落后和地方政府人员的不作为，可再生能源政策信息在传播过程中存在严重失真的问题，最终导致农村可再生能源政策失灵。政策信息传导的时间越长，政策信息的真实度越低。在不完全信息下，农村居民无法依据理性做出正确的能源策略选择，致使农村可再生能源发展遭遇瓶颈。地方政府可以采用以下两种方式，提高各网络博弈阶段政策信息的真实度。第一种是加强政府对农村信息网络的监管力度，严禁误解、扭曲甚至诋毁农村可再生能源政策的舆论，确保农村居民接收到最为原始、全面的可再生能源政策信息。第二种是督促地方政府积极持续跟进农村可再生能源政策信息的传导过程，通过重复政策宣传、增加可再生能源试点等方法，弥补缺失的政策信息，以使政策信息始终保持较高的真实度。

（4）加快农村人口集聚进程，提高农村人口集中度。随着边缘地区的农村居民不断向经济较发达农村地区集中，既定的农村规模迅速扩大，而整个农村地区的被孤立的个体数量减少。促进农村人口集中化，一方面，有利于节约政策信息传播渠道的建设成本，提高可再生能源政策信息的传导效果；另一方面，农村人口的集中化使得政策信息监管的集中化成为可能，极大降低了政府人员监管政策信息的行政难度和政策执行成本。由于农村人口不断向城市转移，加上农村本身的人口老龄化问题，农村人口密度正逐年快速降低，致使农村可再生能源政策信息传导成本高昂且效率极差。因此，政府应积极借助"新农村"建设机遇，通过迁居政策和劝导等方式，科学规划和建设农村住宅布局，并完善相应的可再生能源基础设施，为农村可再生能源的长期发展做铺垫。

6.4　政策影响模型

在农村可再生能源项目建设过程中，企业、政府和农村居民的行为策略相互影响，相互制约。相比企业和农村居民，政府的作用是举足轻重的，通过惩罚和激励两种策略，能够有效影响企业和农村居民的策略选择。

6.4.1　理论构建

本节构建了三方博弈模型，博弈主体分别为企业、地方政府和农村居民群体。企业负责农村可再生能源建设项目，政府是项目的发起者和监管者，农村居民是项目的需求者、监督者和反馈者。

（1）假设企业积极建设农村可再生能源项目，可以获得经济收益为 R，但是需要付出超出预期的建设成本 C_1。如果在农村可再生能源建设过程中，企业选择"偷懒"，则可以避免超出预期的建设成本。然而，企业的"偷懒"行为将造成农村可再生能源项目进程缓慢，导致政府和农村居民利益受损。假设当农村居民的利益受到企业的侵害时，农村居民会上访政府，控告企业的违规行为。然后，政府会根据企业的违规程度，要求企业支付农村居民一定数额的工程补偿 C_P。相反，由于企业积极推进农村可再生能源项目会为地方经济和生态环境带来巨大的外部经济性，政府会给予一笔可再生能源补贴 T，鼓励企业的"勤奋"行为。随着农村能源短缺问题的加剧和农村居民可持续发展观念的增强，农村居民会越发偏向选择使用可再生能源。这意味着，在长期来看，农村具有巨大的、潜在的可再生能源市场。如果企业"偷懒"的行为被发现，必然将损失企业声誉和竞争优势，我们用 H_1 表示企业"偷懒"行为的信誉成本。农村发展可再生能源是一种势在必行的趋势，企业信誉成本 H_1 不断增加，最终会迫使企业不得不放弃"偷懒"行为。

（2）为了引导农村可再生能源有序发展，政府会采用罚款和补贴两种政策。通过惩罚"偷懒"企业，政府会得到罚款 M。为了监测到企业的"偷懒"行为，政府需要进行监管并付出相应的监管成本 C_2，包括人力成本、时间成本和审核成本等。如果地方政府对企业"偷懒"行为视而不见，农村环境污染问题和能源匮乏问题会日益严重。政府不作为的行为将失信于民，同时也会产生更多的农村居民投诉和上访，增加了政府处理政务的成本和新政策推广的难度。我们把政府监管松懈所带来的损失称为政治成本，用 H_2 表示，政治成本越大，政府越可能选择"监管策略"。政府规范农村可再生能源发展进程的另一种方式是提供补贴，一是向企业提供项目建设补贴 T_1，以鼓励企业诚实守信；二是给予农村居民购买补贴 T_2，刺激农村居民放弃传统能源而积极参与农村可再生能源发展事业。增加补贴力度可以大幅提高企业和农村居民的积极性，但也会增加政府的财政压力。

（3）农村居民是农村可再生能源项目的最直接的利益相关者，依法享有可再生能源企业的监督权。企业违约问题会直接导致农村居民的收益受到损失，我们用 D 表示该损失。为了避免自身损失进一步扩大，农村居民将积极参与农村可再生能源建设项目的监督。如果发现企业存在"偷懒"问题，农村居民将及时向当地政府进行投诉。农村居民监督企业需要支付监督成本，记为 C_3，监督成本越小，农村居民监督企业的积极性越高。农村经济发展通常较为落后，农村居民能源消费行为严格受到个人收入水平的限制。政府向农村居民提供购买补贴 T_2，能够有效降低收入水平对农村居民能源投资行为的约束程度。

6.4.2 三方博弈模型的构建

根据农村居民是否参与农村可再生能源项目的监督，本节构建了下面两个三方博弈矩阵，如表 6 - 3 和表 6 - 4 所示。

表 6 - 3 存在农村居民监督下的三方博弈

		政府		
		政策影响		无政策影响
企业	偷懒	$R - H_1 - M - C_P$,	$M - C_2 - T_2$, $-C_3 + C_P - D + T_2$	$R - H_1$, $-H_2$, $-C_3 - D$
	勤奋	$R - C_1 + T_1$,	$-C_2 - T_1 - T_2$, $-C_3 + T_2$	$R - C_1$, 0, $-C_3$

表 6 - 4 无农村居民监督下的三方博弈

		政府		
		政策影响		无政策影响
企业	偷懒	$R - M - H_1$,	$M - C_2 - T_2$, $-D + T_2$	$R - H_1$, $-H_2$, $-D$
	勤奋	$R - C_1 + T_1$,	$-C_2 - T_1 - T_2$, T_2	$R - C_1$, 0, 0

假设企业选择"偷懒"行为的概率为 x，选择"勤奋"行为的概率为 $1-x$；政府选择制定相应政策的概率为 y，选择不制定相应政策的概率为 $1-y$；农村居民选择监督企业的概率为 z，选择不监督的概率为 $1-z$。本节分别用 U_1、U_2、U_3 分别表示企业、政府和农村居民在三方博弈中可以获得的收益。

1. 可再生能源企业的博弈策略分析

企业选择"偷懒"行为时，可以获得的期望收益为：

$$U_{1,x} = (R - H_1 - M - C_P)yz + (R - H_1)(1 - y)z + (R - H_1 - M)y(1 - z)$$
$$+ (R - H_1)(1 - y)(1 - z)$$
$$= -C_P yz - My + R - H_1 \tag{6.5}$$

企业选择"勤奋"行为时，可以获得的期望收益为：

$$U_{1,1-x} = (R - C_1 + T_1)yz + (R - C_1)(1 - y)z + (R - C_1 + T_1)y(1 - z)$$

$$+ (R - C_1)(1 - y)(1 - z) = T_1 y + R - C_1 \tag{6.6}$$

企业承包农村可再生能源项目可得期望收益为：

$$\overline{U}_1 = x U_{1,x} + (1 - x) U_{1,1-x} \tag{6.7}$$

可得企业博弈策略的复制动态方程为：

$$F_1(x) = \frac{dx}{dt} = x(U_{1,x} - \overline{U}_1) = x(1-x)\left[-C_P yz - (M + T_1)y + C_1 - H_1 \right]$$
$$\tag{6.8}$$

2. 地方政府的博弈策略分析

政府选择通过相关政策来影响农村可再生能源发展时，政府可以获得的期望收益为：

$$U_{2,y} = (M - C_2 - T_2)xz + (-C_2 - T_1 - T_2)(1-x)z$$
$$+ (M - C_2 - T_2)x(1-z) + (-C_2 - T_1 - T_2)(1-x)(1-z)$$
$$= -C_2 - T_2 - T_1 + (M + T_1)x \tag{6.9}$$

政府选择不制定任何政策的策略时，可以获得的期望收益为：

$$U_{2,1-y} = -H_2 xz - H_2 x(1-z) = -H_2 x \tag{6.10}$$

政府期望收益为：

$$\overline{U}_2 = y U_{2,y} + (1-y) U_{2,1-y} \tag{6.11}$$

可得政府策略的动态复制方程为：

$$F_2(y) = \frac{dy}{dt} = y(U_{2,y} - \overline{U}_2) = y(1-y)\left[-C_2 - T_1 - T_2 + (M + T_1 + H_2)x \right]$$
$$\tag{6.12}$$

3. 农村居民的博弈策略分析

农村居民选择参与项目监督时，可以获得的期望收益为：

$$U_{3,z} = (-C_3 + C_P - D + T_2)xy + (-C_3 + T_2)(1-x)y$$
$$+ (-C_3 - D)x(1-y) - C_3(1-x)(1-y)$$
$$= C_P xy - Dx + T_2 y - C_3 \tag{6.13}$$

农村居民选择不参与项目监督时，可以获得的期望收益为：

$$U_{3,1-z} = (-D + T_2)xy - Dx(1-y) + T_2(1-x)y = T_2 y - Dx \tag{6.14}$$

农村居民的期望收益为：

$$\overline{U}_3 = z U_{3,z} + (1-z) U_{3,1-z} \tag{6.15}$$

可得农村居民策略的复制动态方程为：

$$F_3(z) = \frac{dz}{dt} = z(U_{3,z} - \overline{U}_3) = z(1-z)(C_P xy - C_3) \tag{6.16}$$

6.4.3 博弈稳定性分析

根据演化博弈局部均衡点的计算方法，令 $F_1(x)=0$、$F_2(y)=0$ 和 $F_3(z)=0$，解得 $x=0$ 或 1，$y=0$ 或 1，$z=0$ 或 1，分别组成 $(0,0,0)$、$(1,0,0)$、$(1,1,0)$、$(0,1,0)$、$(0,1,1)$、$(0,0,1)$、$(1,0,1)$、$(1,1,1)$ 共 8 个局部均衡点。除了 8 个局部均衡点，还可能存在一个鞍点 (x^*,y^*,z^*)，其中 x^*、y^*、z^* 的取值范围均大于 0 且小于 1。

由式(6.8)、式(6.12)、式(6.16)构建方程组(6.17)：

$$\begin{cases} -C_P yz - (M+T_1)y + C_1 - H_1 = 0 \\ -C_2 - T_1 - T_2 + (M+T_1+H_2)x = 0 \\ C_P xy - C_3 = 0 \end{cases} \tag{6.17}$$

解得鞍点位置为：

$$\begin{cases} x^* = \dfrac{C_2 + T_1 + T_2}{M + T_1 + H_2} \\ y^* = \dfrac{C_3(M+T_1+H_2)}{C_P(C_2+T_1+T_2)} \\ z^* = \dfrac{(C_1-H_1)(C_2+T_1+T)}{C_3(M+T_1+H_2)} - \dfrac{M+T_1}{C_P} \end{cases} \tag{6.18}$$

对各复制动态方程进行一阶求导得：

$$f_1(x) = \frac{dF_1(x)}{dx} = (1-2x)\left[-C_P yz - (M+T_1)y + C_1 - H_1\right] \tag{6.19}$$

$$f_2(y) = \frac{dF_2(y)}{dy} = (1-2y)\left[-C_2 - T_1 - T_2 + (M+T_1+H_2)x\right] \tag{6.20}$$

$$f_3(z) = \frac{dF_3(z)}{dz} = (1-2z)(C_P xy - C_3) \tag{6.21}$$

根据稳定性理论，当三方演化博弈的动态系统同时满足 $f_1<0$、$f_2<0$、$f_3<0$ 三个条件时，局部均衡点 E_i 为三方博弈的稳定点，其中 $i=1,2,\cdots,8$。

1. 农村可再生能源承包企业的演化稳定策略

当 $-C_P yz - (M+T_1)y + C_1 - H_1 = 0$ 时，对于任意 x，均有 $f_1=0$，表示系统处于稳定状态，企业策略不再发生改变。

当 $-C_P yz - (M+T_1)y + C_1 - H_1 > 0$ 时，有 $f_1(0)>0$，$f_1(1)<0$，可知

$x=1$ 是企业的演化稳定策略。在该条件下，即使是"勤奋"的企业，也会逐渐选择"偷懒"策略。

当 $-C_P yz-(M+T_1)y+C_1-H_1<0$ 时，有 $f_1(0)<0$，$f_1(1)>0$，$x=0$ 是企业的稳定策略。在该条件下，"懒惰"的企业也会努力建设农村可再生能源项目。

2. 政府的演化稳定策略

当 $-C_2-T_1-T_2+(M+T_1+H_2)x=0$ 时，对于任意 y 值，均有 $f_2=0$，此时系统处于均衡状态，政府不会改变既定策略。

当 $-C_2-T_1-T_2+(M+T_1+H_2)x>0$ 时，有 $f_2(0)>0$，$f_2(1)<0$，$y=1$ 是政府的稳定均衡策略。在该条件下，政府必然会制定相关政策，影响农村可再生能源的发展。

当 $-C_2-T_1-T_2+(M+T_1+H_2)x<0$ 时，有 $f_2(0)<0$，$f_2(1)>0$，$y=0$ 是政府的稳定均衡策略。在该条件下，政府将逐渐放弃制定干预农村可再生能源发展的策略。

3. 农村居民的演化博弈策略

当 $C_P xy-C_3=0$ 时，对于任意 z 值，恒有 $f_3=0$，此时系统处于均衡状态，农村居民策略不会发生改变。

当 $C_P xy-C_3>0$ 时，有 $f_3(0)>0$，$f_3(1)<0$，$z=1$ 是农村居民的稳定均衡策略。此时，农村居民会倾向于参与企业监管，以维护自身权益。

当 $C_P xy-C_3<0$ 时，有 $f_3(0)<0$，$f_3(1)>0$，$z=0$ 是农村居民的稳定均衡策略。此时，农村居民参与企业监管的成本过高，农村居民将放弃对企业的监管策略。

6.4.4 博弈模型分析

根据鞍点位置，本节对企业、政府和农村居民的行为概率进行分析。

企业对应的鞍点位置为 $x^*=\dfrac{C_2+T_1+T_2}{M+T_1+H_2}$，其中 $(0，x^*)$ 表示企业选择"偷懒"策略的概率区间，$(1-x^*，1)$ 表示企业选择"勤奋"策略的概率区间。根据 x^* 的表达式可知，企业策略的选择取决于政府监管成本、政府对企业和农村居民的补贴、政府罚款以及政府政治成本。政府监管成本越高，生产补贴和购买补贴的数额越大，企业"偷懒"时所受惩罚越少，政府政治成本越低，则企业选择"偷懒"策略的概率越高。因此，为了激励企业选择"勤奋"策略，政府应简化监管制度，减低政府监管成本；合理下调补贴力度，缩减企业投机空间；提高企业"偷懒"成本，严惩企业偷工减料行为；勤政为民，积极维护"为民服务"的政府形象。

政府对应的鞍点位置为 $y^* = \dfrac{C_3(M + T_1 + H_2)}{C_P(C_2 + T_1 + T_2)}$，其中 $(0, y^*)$ 表示政府会采用"政策影响"的策略区间，$(1 - y^*, 1)$ 表示政府拒绝"政策影响"的策略区间。y^* 表示，农村居民监管成本越高，企业罚款额度越大，政府越重视政府信誉，企业补偿金越少，对农村居民的补贴越少，则政府越应该通过相关政策来规范企业行为。通常情况下，受到信息和能力的限制，农村居民很难直接或有效监督企业建设农村可再生能源项目的进程，农村居民的权益主要依赖于政府对企业行为的监管。这意味着，一方面，农村居民将对政府施加一个较大的政治成本，迫使政府增加对企业的监管力度；另一方面，如果企业对农村居民的违约补偿越高，农村居民参与企业监督的积极性就会越高，从而减少政府监督企业的工作量。

农村居民对应的鞍点位置为 $z^* = \dfrac{(C_1 - H_1)(C_2 + T_1 + T)}{C_3(M + T_1 + H_2)} - \dfrac{M + T_1}{C_P}$，表示农村居民参与企业监督的概率取决于企业"勤奋"时付出的额外成本、企业信誉成本、政府监督成本、购买补贴、建设补贴、农村居民监督成本、政府罚款、政治成本和对农村居民的违约补偿。$C_1 - H_1$ 意味着农村居民的策略选择受到企业长短期成本的影响，其中 C_1 表示短期成本，H_1 表示长期成本。如果 $C_1 > H_1$，则短期成本高于长期成本，企业自然选择"勤奋"策略，维护企业信誉以获得更多的长期利润。如果 $C_1 < H_1$，表示企业"勤奋"时付出的额外成本大于企业信誉成本，那么企业必然会选择"偷懒"策略，使得农村居民的自身利益受到损害，从而提高了农村居民对企业的监督意愿。

6.4.5 研究启示

通过三方演化博弈模型，本节在不同条件下分析了企业、政府和农村居民的策略选择及其稳定性。根据模型的分析结果，我们发现了企业、政府和农村居民在协同发展农村可再生能源过程中相互合作、相互制约的博弈关系。政府是农村可再生能源项目的倡导者和监管者，政府政策，包括惩罚政策和补贴激励政策，直接影响着企业和农村居民的决策。因此，针对博弈模型的演变特征，我们提出了以下几点建议：

（1）完善农村可再生能源项目的管理制度，建立项目进程评估体系，明确企业在不同项目建设时期的努力程度。基于科学的评估标准、规范的评估流程，政府能够更好地监督企业项目进程，为农村居民制定合理的违约补偿，坚决维护农村居民可再生能源投资权益。同时，在明文规定下，企业才能有章可循，根据既定指标更好地规划各工程阶段的努力程度，降低农村可再生能源项目的总建设成本，降低企业选择"偷懒"行为的投机偏好。

（2）惩罚和激励政策并用，引导企业积极建设农村可再生能源项目。一方面，为约束企业投机行为，政府可以对企业进行处罚，处罚内容包括罚款、项目申请限制等。当政府对企业的处罚力度大于企业投机收益时，企业必然会选择积极推进农村可再生能源建设项目。另一方面，为鼓励企业的"勤奋"行为，政府可以制定相应的激励政策，以提高企业建设收益。一是从企业生产角度出发，给予企业一定比例的生产补贴，提供政策优惠或行政便利，从而降低企业建设项目总成本；二是从需求角度出发，提供购买补贴，增加农村居民投资可再生能源需求，有利于增加企业总利润，鼓励企业重视和维护企业长期声誉。

（3）借助网络、电视、广播等媒体，发挥社会舆论对企业行为的规范作用。农村居民监督是在一定程度上是对政府监督的补充，是政府及时了解企业违约行为的重要途径。然而，在三方演化博弈过程中，农村居民处于绝对的劣势地位，既无直接监督企业的权力，也不可能对政府职权的履行情况进行监管。社会舆论能够增加企业的信誉成本和政府的政治成本，是农村居民影响企业和政府行为的有效途径。通过社会媒体曝光引起整个社会的高度重视，农村居民才能迫使企业严格遵守项目约定，促使政府自觉行使监管义务。

| 第 7 章 |

促进农村可再生能源发展的机制分析

7.1　影响农村可再生能源发展的机制分析

"有序推进农村新能源、可再生能源开发利用",对于推动农村可再生能源发展,改善农村可持续发展经济状况具有重要意义。为加快新农村建设和促进农村经济提高,中央于 2018 年启动"煤改气""煤改电"等十二大工程,推出小水电和光伏等农村扶贫项目。虽然农村对于新型可再生能源的接纳度和使用率显著提高,但是我国农村生活能源的主要来源还是麦秸、薪柴等传统能源(周文兵,2019)。此外,由于地区资源禀赋的差异,中央推行的政策在农村的推行效果并不理想,弃光、弃风、"骗补"等问题层出不穷。农村可再生能源的发展离不开政府政策的支持,"如何设计一个更为合理的、科学的补贴机制?"已成为农村可再生能源的重点课题之一。

7.2　促进农村可再生能源发展的补贴机制分析

本节基于供求均衡理论,分别建立了研发补贴、生产补贴和购买补贴之间的联系。然后通过赋值模拟,研究在既定目标需求下的补贴机制,并讨论企业规模报酬类型对政府补贴机制影响的差异性。

7.2.1　理论分析

对于经济落后的农村地区，降低产品价格、提高购买补贴是农村可再生能源需求增长的主要途径。假设农村可再生能源市场为自然垄断市场，企业以平均成本定价并销售其产品（徐华，1999）。在平均成本定价策略下，政府补贴是企业收益的主要来源。随着技术的进步，企业平均生产成本降低，并带动产品价格下降。如图 7 – 1（a），技术进步使得价格由 P_0 下降至 P_1，需求沿着曲线 D_0 从 Q_0 向右增加至 Q^*。提供购买补贴是实现目标 Q^* 的另一个方法。当政府增加购买补贴时，总需求曲线 D_0 向右平移至曲线 D_1。"降低价格？还是增加购买补贴？"，需求开拓方案的选择取决于总需求曲线的特征。总需求曲线越平坦，价格下降引起需求的增加量越大，意味着通过激励企业研发间接地扩大需求，对政府而言更为有利。反之，若总需求曲线较为陡峭，政府则偏好通过购买补贴直接扩大总需求。

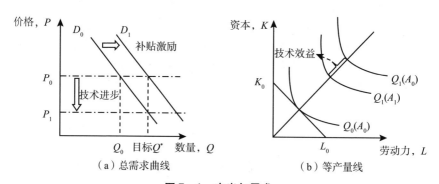

（a）总需求曲线　　　　（b）等产量线

图 7 – 1　产出与需求

需求决定产出，当农村总需求增加时，企业生产规模扩大。假设企业有两个部门，分别为生产部门和研发部门。如图 7 – 1（b），当需求由 $Q_0(A_0)$ 增加至 $Q_1(A_0)$ 时，企业有两种生产选择：一是按原技术水平增加要素投入；二是进行研发活动，在新的技术水平下增加要素投入。企业研发活动有利于提高产出效率，降低生产成本，所以等产量曲线 $Q_1(A_0)$ 向左下角平移至新技术水平下的等产量曲线 $Q_1(A_1)$。但企业研发活动前期投入大、风险高，实际可能增加了企业总投资成本。当企业规模报酬递增时，扩大生产所需的要素投入增长较慢，规模扩张策略更为有利。而当规模报酬递减时，扩大生产所需的要素投入增长较快，研发策略更为有利。

综上可知，如图 7 - 2 所示，政府补贴，包括研发补贴、生产补贴和购买补贴，对农村可再生能源的发展具有重要的引导作用：研发补贴有利于促进企业研发；生产补贴有利于保障企业投资收益；购买补贴有利于扩大需求和产出规模。基于农村总需求和企业所得利润，政府制定农村可再生能源发展补贴机制。农村总需求类型和企业规模报酬类型能够影响可再生能源补贴的实际效果，是政府制定补贴机制前所必须关注的客观因素。

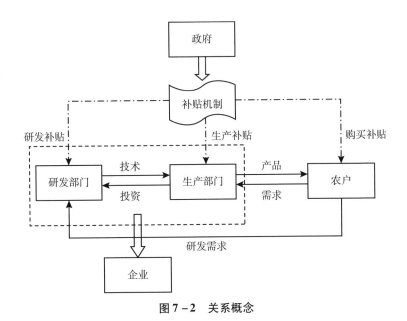

图 7 - 2　关系概念

7.2.2　模型构建

当前，农村可再生能源市场存在以下三个特点：一是市场垄断。由于市场规模较小与能源市场的特殊性，单个农村地区的可再生能源市场通常会形成"一山难容二虎"的现象。二是买方市场。对大部分农村居民而言，可再生能源投资成本高，使用可再生能源是"奢侈"的，对传统能源的替代率依然较小。三是政策导向型。高额的生产成本和较低的农村居民收入使得农村可再生能源的发展依赖于政府补贴政策的支持。本节用 s_1、s_2、s_3 分别表示研发补贴、生产补贴和购买补贴。

1. 总需求函数

农村居民群体总需求函数为：

$$P = a - b \times Q^m + s_3 \qquad (7.1)$$

其中，P 为价格，a、b、m 为常数，Q 为需求量。$m \in (0, 1)$，表示农村居民的需求类型。如图 7 - 3 所示，农村总需求函数为非线性曲线，价格越低，需求增长越快。m 值越小，需求曲线的尾端位置越高，表示 m 值越小，农村居民对价格越敏感，在既定价格下总需求越多。如 $m = 0.6$ 所对应的总需求曲线，总需求曲线和水平线 $P = 0$ 相交于 Q_0 点。价格不为负，当需求处于 Q_0 点右边时，实际价格为 0，表示这部分需求无法通过价格机制实现，只能通过增加购买补贴来刺激。s_3 为购买补贴，购买补贴越多，既定价格水平下的需求量越大。

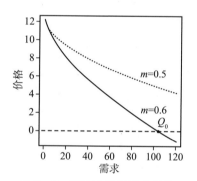

图 7 - 3　可再生能源需求曲线

注：$a = 8$，$b = 0.8$，$m = 0.5$、0.6，$s_3 = 3$。

2. 企业

企业的生产函数为柯布 - 道格拉斯生产函数，为：

$$\begin{cases} Q = A(I_1) \times K^{\alpha} \times L^{\beta} \\ A(I_1) = 1 + \eta \times \left[(1 + s_1) \times I_1 \right]^{\theta} \\ I_2 = r \times K + w \times L \\ \pi = P \times Q + s_2 \times Q - I_1 - I_2 \end{cases} \qquad (7.2)$$

其中，$A(\cdot)$ 表示技术水平，K 表示资本投入，L 表示劳动力数量。r 表示资本成本，w 表示劳动力价格，π 表示企业利润。I_1、I_2 分别表示研发投入和生产投入。α、β 分别表示资本产出的弹性系数和劳动力产出的弹性系数。η、θ 为非零常数项。

令 $\dfrac{\partial Q}{\partial K} = \dfrac{\partial Q}{\partial L}$，可得既定产出下的最低生产投入为：

$$I_2 = \left(\frac{Q}{A}\right)^{\frac{1}{\alpha+\beta}} \times \left(\frac{\beta}{\alpha}\right)^{-\frac{\beta}{\alpha+\beta}} \times \left(r + w \times \frac{\beta}{\alpha}\right) = \varphi \times \left(\frac{Q}{A}\right)^{\frac{1}{\alpha+\beta}} \quad (7.3)$$

其中，$\varphi = \left(\dfrac{\beta}{\alpha}\right)^{-\frac{\beta}{\alpha+\beta}} \times \left(r + w \times \dfrac{\beta}{\alpha}\right)$。

产品价格为：

$$P = AC = \varphi \times \left(\frac{Q^{1-\alpha-\beta}}{A}\right)^{\frac{1}{\alpha+\beta}} \quad (7.4)$$

此时，企业利润取决于政府生产补贴，即：

$$\pi = s_2 \times Q - I_1 \quad (7.5)$$

为实现企业再生产，企业至少需要 σ 的投资收益率，即：

$$\pi \geqslant \sigma \times (I_1 + I_2) \quad (7.6)$$

解得生产补贴范围为：

$$s_2 \geqslant (\sigma+)1 \times \frac{I_1}{Q} + \sigma \times \varphi \times \left(\frac{Q^{1-\alpha-\beta}}{A}\right)^{\frac{1}{\alpha+\beta}} \quad (7.7)$$

3. 政府

设政府效用 G 表示政府意愿支出与实际支出的差额，为：

$$G = u \times Q - s_1 \times I_1 - (s_2 + s_3) \times Q = (u - s_2 - s_3) \times Q - s_1 \times I_1 \quad (7.8)$$

其中，u 表示政府为增加一单位农村可再生能源的最大意愿支付。

结合式（7.1）和式（7.2），可得在既定需求下的购买补贴为：

$$s_3 = \varphi \times \left(\frac{Q^{1-\alpha-\beta}}{1 + \eta \times \left[(1+s_1) \times I_1\right]^{\theta}}\right)^{\frac{1}{\alpha+\beta}} + b \times Q^m - a \quad (7.9)$$

在既定需求下，为使政府补贴最小化，政府提供的生产补贴为：

$$s_2 = (\sigma+)1 \times \frac{I_1}{Q} + \sigma \times \varphi \times \left(\frac{Q^{1-\alpha-\beta}}{1 + \eta \times \left[(1+s_1) \times I_1\right]^{\theta}}\right)^{\frac{1}{\alpha+\beta}} \quad (7.10)$$

最终，政府效用为：

$$G = (u + a - b \times Q^m) \times Q - (1+\sigma) \times \varphi \times \left(\frac{Q}{1 + \eta \times \left[(1+s_1) \times I_1\right]^{\theta}}\right)^{\frac{1}{\alpha+\beta}}$$
$$- (1 + \sigma + s_1) \times I_1 \quad (7.11)$$

综上可知，若其他条件不变，在既定需求下，m 越大，政府所需提供的购买补贴越大，政府效用越小。其次，研发补贴与购买补贴和生产补贴之间均存在负相关关系，研发补贴越大，购买补贴和生产补贴越小，但对政府效用的影响不明确。最后，企业规模效应越显著，购买补贴和生产补贴越少，政府效用越大。

7.2.3　赋值模拟

由式（7.9）、式（7.10）、式（7.11）可知，在补贴机制设计之前，需要先确定农户对可再生能源的目标需求、总需求类型以及合适的研发补贴区间。本节利用 R 语言进行赋值模拟，分析目标需求、研发补贴策略、总需求类型对补贴机制的影响，并在基于需求规划和研发投入下的补贴机制进行分析。实验中各变量的赋值如表 7 - 1 所示。

表 7 - 1　　　　　　　　　　　　　基本实验参数

实验 1		实验 2		实验 3		实验 4	
a	8	a	8	a	8	a	8
b	0.8	b	0.8	b	0.8	b	0.8
m	0.6	m	0.6	—	—	m	0.6
σ	0.1	σ	0.1	σ	0.1	σ	0.1
φ	6	φ	6	φ	6	φ	6
η	0.5	η	0.5	η	0.5	η	0.5
θ	0.5	θ	0.5	θ	0.5	θ	0.5
I1	5	—	—	I1	3	—	—
S1	0.5	S1	0.5	S1	0.5	—	—
u	8	u	8	u	8	—	—

实验 1：需求量对补贴机制的影响分析

令 $(\alpha, \beta) \in \{(0.3, 0.8), (0.3, 0.7), (0.2, 0.7)\}$，分别表示为规模报酬递增、规模报酬不变和规模报酬递减。在既定的技术水平下，随着农村居民对可再生能源需求量的增加，如图 7 - 4（a），生产补贴以递减的速度下滑，生产补贴随需求的增大而逐渐减少。如图 7 - 4（b），购买补贴与需求量正相关，需求量越大，所需的购买补贴越高，表现为购买补贴曲线向右上方倾斜。实际购买补贴非负，当需求量处于 M 点左侧时，购买补贴为 0，表示即使政府不提供购买补贴，处于该需求区间的农村居民也会选择投资可再生能源。如图7-4（c），在生产补贴与购买补贴的相反变动趋势下，政府效用先是随着需求量的增加而增加，当超过某一点时加速减小。假设在不加重财政压力的前提下，政府企图实现用户对可再生能源需求量的最大化。那么，图7-4（c）中的B点所对应的需求量，即为当前技术水平下的目标需求量。在目标需求量下，我们可以得出相应的生产补贴和购买补贴，即在以下实验中的生产补贴和购买补贴均指在目标需求量下的生产补贴和购买补贴。

由图7-4可知，规模报酬递增型的企业在农村可再生能源市场中的竞争优势要显著大于其他两种类型的企业。在生产补贴和购买补贴中，规模报酬递增对应的补贴曲线的尾部比其他两条曲线的位置更低，且在相同需求量下的生产补贴差异存在扩大趋势。最终在政府收益中，规模报酬递增对应的收益曲线比其他两条曲线的位置更高。

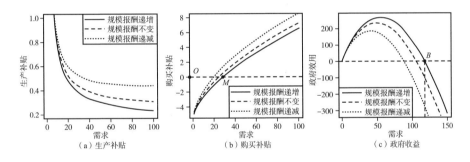

图7-4　需求的影响分析

实验2：研发投入对补贴机制的影响分析

在目标需求量下，我们将确定研发的激励区间。在研发初始阶段，研发投入具有较高的边际产出，增加研发投入有利于提高生产效率，并促使可再生能源价格下降。但随着研发投入的增加，研发投入的边际产出递减，单位产出的研发成本上升。为了激励企业继续采用研发策略，政府必须提供较大的生产补贴以维持企业再生产过程。所以，如图7-5所示，随着研发投入的增加，目标需求以递减的速度上升，购买补贴以递减的速度下降，生产补贴则是先减小后加速上升。当研发投入低于4时，企业研发活动能够有效刺激需求增长，并使生产补贴和购买补贴维持在较低水平。此时，政府提供高研发补贴是有利的。当研发投入大于4时，目标需求增长缓慢，生产补贴的上升速度明显大于购买补贴的下降速度。此时，研发成本增加，研发激励效果减弱，政府应降低研发补贴力度。因此，在补贴机制设计中，本节设最大研发投入为3.5，并提供了高研发补贴和低研发补贴两种策略，以保证企业始终投资研发活动。

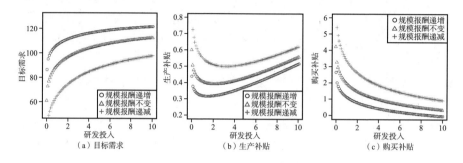

图7-5 研发投入的影响分析

在图7-5（a）、图7-5（c）中，规模报酬递减对应的需求曲线和购买补贴曲线变动幅度最大；在图7-5（b）中，其生产补贴曲线的驻点最大，表示研发活动对规模报酬递减型企业的影响最为显著。因而在扩大产出时，规模报酬递减型企业会优先选择研发策略。

实验3：总需求类型对补贴机制的影响分析

在实验3中，令$I_1 = 3$，m值分布在（0.45，0.85）之间。如图7-6，m值越大，表示可再生能源的总需求弹性越小。在图7-6（a）中，随着m值的增加，目标需求曲线迅速下滑，购买补贴曲线加速上升，代表总需求越缺乏弹性，越不利于农村可再生能源的发展；为实现目标需求，政府必须提供更多的购买补贴。通过目标需求，农村总需求类型间接地影响生产补贴，因此生产补贴曲线上升速度缓慢，表明总需求类型对生产补贴的影响较小。如图7-5，当$m = 0.6$时，各企业规模报酬类型下的目标需求分别为114.25、100.15、80.45。在机制设计中，我们令m值为0.6，总目标需求为120，均远超图7-6中相应m值下的目标需求。制订超额目标需求的目的是，优化补贴组合，探究更为科学的、高效的补贴机制。

在既定的需求偏好下，政府选择支持规模报酬递增型的企业时，实现的目标需求最大，提供的生产补贴和购买补贴最小。在图7-6（a）、图7-6（c）中，规模报酬递增对应的目标需求曲线下滑速度和购买补贴曲线上升速度均快于其他两种类型对应的曲线，代表总需求类型对规模报酬递增型企业的影响更大。

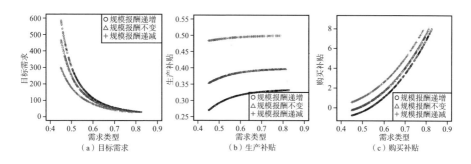

图7-6 需求类型的影响分析

实验4：基于目标需求的补贴机制分析

假设政府的研发补贴策略分别为50%和100%。根据实验2和实验3可知，在实验4的情景假设下，无论政府选择何种研发补贴策略，企业最优策略始终为选择研发。在各个需求规划阶段，企业均投入固定的研发资金I_1^*推动可再生能源技术进步，设$I_1^* = 0.5$。因此，第t期的技术水平为：

$$A(t) = A(t-1) + \eta \times \left\{ \left[(1+s_{1,t}) \times (t \times I_1^*) \right]^\theta \right. $$
$$\left. - \left[(1+s_{1,t-1}) \times (t-1) \times I_1^* \right]^\theta \right\} \qquad (7.12)$$

其中，$A(t=0) = 1$

基于目标需求，政府采用补贴总成本最小化策略，补贴机制决策流程图如图7-7（a）所示。已知目标需求和研发投入，政府可根据式（7.9）求得购买补贴。若购买补贴小于0，设购买补贴为0。若购买补贴大于0，政府通过调整研发补贴使得总成本最小。第t期的政府补贴总成本为：

$$T(t) = (s_{2,t} + s_{3,t}) \times Q^* + s_{1,t} \times I_1^* \qquad (7.13)$$

政府从需求侧进行规划，通过市场自发激励企业研发与生产，更有利于稳健推进农村可再生能源的发展。在初期，政府以高需求群体为目标，通过高补贴政策在农村迅速推广可再生能源。随后为深掘农村可再生能源需求，政府基于成本最小化原则不断调整补贴策略。为了使实验结果更为直观，本节将初期农村可再生能源需求规划目标设计为60，使政府补贴策略尽可能接近策略突变点；然后每期增加10的需求规划目标，重点观察突变点之后政府补贴策略的变动路径；在第7期后，政府补贴策略趋于稳定。故这里只展示了前7期实验结果，即设每期可再生能源目标为｛60，10，10，10，10，10，10｝。

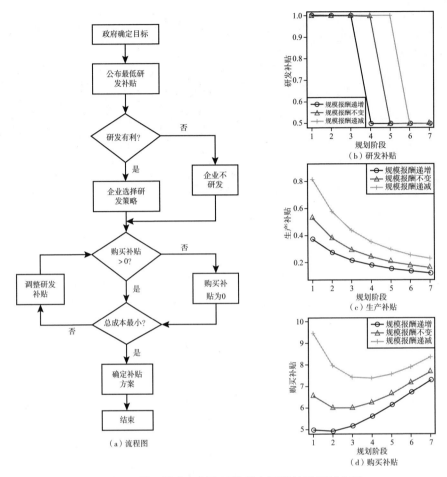

图 7-7 基于需求规划和研发投入下的补贴机制分析

在完成满足目标需求的补贴机制优化之后，我们可以得到在各规划区间的研发补贴、生产补贴和购买补贴，如图 7-7（b）、图 7-7（c）、图7-7（d）所示。

如图 7-7（b）所示，在农村可再生能源规划前期，技术效应使研发补贴先维持在高的补贴水平。当技术水平达到一定高度时，研发成本大幅增加，迫使政府放弃高研发补贴策略，转向低研发补贴策略。随着技术水平的提高，企业平均生产成本降低，政府所需提供的生产补贴随之下降。在图 7-7（b）中，最先下滑的研发补贴曲线类型为规模报酬递增型，规模报酬不变型次之，最后为规模报酬递减型。在图 7-7（c）中，规模报

酬递减型企业的生产补贴最大，但技术效应也最为明显，规模报酬递减对
应的生产补贴曲线下滑速度最快，表示高研发补贴策略最有利于规模报酬
递减型企业。

如图 7-7（d）所示，随着需求规划的深入，政府购买补贴先降低后
增加。在规划初期，技术进步使得产品价格快速降低，这是购买补贴下降
的主要原因。在该阶段，由于研发投入基数小，技术的边际产出较高，政
府通过技术进步刺激需求要比增加购买补贴更为划算。当可再生能源技术
相对成熟、农村市场接近饱和时，企业研发效率降低，技术进步对需求增
长的促进作用变弱。此时，政府通过增加购买补贴实现低收入群体的可再
生能源需求，所需支付的成本较低。其中，最早出现转折的曲线为规模报
酬递增对应的购买补贴曲线。在各个规划阶段，在规模报酬递增型企业垄
断下的农村可再生能源市场中，政府需要提供的购买补贴也最少，表示购
买补贴对规模报酬递增型企业最有利。规模报酬递减型对应的购买补贴曲
线表明，在需求规划的中后期，由于技术水平的提高，尽管购买补贴呈上
升趋势，但仍可能低于初始购买补贴。

7.2.4 研究启示

财政补贴是一种有效的政策手段，政府通过优化补贴机制，能够有效
刺激供给与需求，加快农村可再生能源的发展。在既定的研发补贴下，合
理的需求规划应是使财政收支平衡时的目标需求。适当的研发投入、积极
的政策宣传，对均衡状态有着显著的影响，即：（1）研发投入与目标需
求、生产补贴正相关，与购买补贴负相关；（2）需求偏好与目标需求正相
关，而与购买补贴、生产补贴之间存在负相关关系。在企业类型的分析
中，我们发现，规模报酬递减型企业在农村可再生能源市场竞争处于绝对
劣势，政府必须为其提供高额补贴。但相比其他类型的企业，高研发补贴
对规模报酬递减型企业的影响更为显著、持久。而对于规模报酬递增型企
业，政府选择需求侧激励策略更为有利。

补贴机制设计的结果表明，随着农村可再生能源需求规划的深入，研
发补贴和生产补贴逐渐降低，购买补贴则先减后增。基于设计结果，我们
认为，政府应该实行动态的补贴机制。相比发达国家，我国农村可再生能
源发展较晚，目前必须以"三高"补贴策略，即高研发补贴、高生产补贴
和高购买补贴，加快农村可再生能源的普及速度。随着可再生能源技术的

发展，政府应逐渐降低生产补贴和购买补贴，以减轻政府的财政压力。同时，随着研发效率的降低，政府应相机使研发补贴回归到正常水平。技术研发可能无法在短期内解决农村可再生能源的"最后一公里"问题，相对增加购买补贴是一种更为有效、成本更低的解决方式。因此，在农村可再生能源的发展后期，政府的补贴策略应为低研发补贴、低生产补贴和高购买补贴。

7.3 促进农村可再生能源发展的信息推广机制分析

随着农村电话、电视、电脑等电子设备的普及，政府能够通过多种方式开展农村可再生能源的推广活动。然而，农村信息化发展也可能导致虚假信息迅速传播，对农村可再生能源的发展产生巨大的阻碍。由于农村居民点较为分散，增加一条新的农村信息渠道需要较高的建设成本。因此，在既定成本约束下，减少虚假信息的不利影响，成为农村可再生能源信息推广机制设计中的一个重要挑战。本节基于机制设计理论，研究地方政府如何实现农村可再生能源信息的高效推广。

7.3.1 理论分析

农村可再生能源信息推广机制是可再生能源信息基于不同的传播形式、流通渠道等，以较高的效率从地方政府向各农村居民传递的一种传播机制。农村信息的流动是单向的，即拉斯韦尔的"五W"模式，可再生能源信息推广活动的主要内容包括：谁（Who）→说什么（says What）→通过什么渠道（in Which channel）→对谁（to Whom）→取得什么效果（with What effects）（张明鹏，2018）。

地方政府是可再生能源信息的信息源，负责可再生能源的编写和发布过程，被称之为一级信息源。来自政府的可再生能源信息具有100%的真实度，信息内容包括可再生能源优缺点、可再生能源的发展前景、可再生能源项目流程、相关优惠政策等。同时地方政府也是可再生能源信息传递过程的监管者，负责监督在某一时期可再生能源信息的真实度，并根据实际情况决定是否增加新的可再生能源信息以提高可再生能源信息的真实度。评价可再生能源信息可信度的方法有两种，一是可再生能源信息内容的属性特征，二是当农村居民接收到可再生能源信息时，是否能够接受可再生能源。如果可再生能源信息的推广效果较差，离地方政府的推广目标具有较大的距离，即只有少部分农村居民愿意接受可再生能源，政府将采取补救措施加强可再生能源信息的推广力度。

在可再生能源信息的推广过程中，农村居民既是可再生能源信息的接收者，又是可再生能源信息的传递者。当农村居民作为可再生能源信息接收者时，农村居民会依据自身的需求偏好、理解能力等个体属性，对所接收的可再生能源信息进行相应的处理和理性判断。如果农村居民从可再生能源信息中预期可以获得正的收益，农村居民将接受可再生能源的选择策略；反之，如果农村居民从可再生能源信息中预期获得的收益为负，农村居民将拒绝接受可再生能源策略。只要农村居民有与之相邻的邻居，农村居民就会将其所获得的可再生能源信息传递下去。当农村居民作为可再生能源信息传递者时，我们称之为第 i 级信息源，其中 $i = 2, 3, \cdots, n$。程展兴和剡亮亮（2013）分析了我国市场非同步交易下的信息结构与信息传导机制对市场效率的影响，发现私有信息对现货不同时段收益率均影响显著，且在延伸时段呈现减弱趋势。故当可再生能源信息从第 i 级信息源传递到第 $i + 1$ 级信息源时，可再生能源信息的真实度会发生被扭曲、被遗失等问题。被扭曲的可再生能源信息将进一步降低农村居民预期，最终可能导致可再生能源信息推广进程缓慢甚至失败。

农村可再生能源信息的推广过程如图 7 - 8 所示。

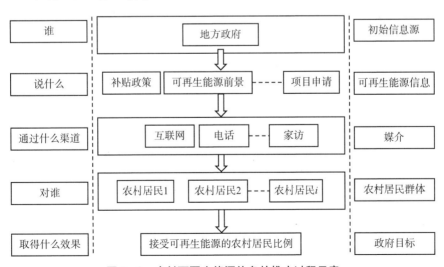

图 7 - 8 农村可再生能源信息的推广过程示意

7.3.2　农村可再生能源信息推广机制分析

由农村可再生能源信息的推广过程的分析可知，农村可再生能源信息推广机制的设计主要包括两个部分：一是宏观层面的机制设计，即地方政府对于农村可再生能源信息推广项目总目标的设计和实施过程；二是微观层面的机制设计，即地方政府如何实现可再生能源信息在农村居民之间的有效传递。宏观层面的机制设计是微观层面的机制设计的前提，为微观设计提供了必要的方向和要求。而微观设计是宏观设计的基础，只有微观层面的机制设计合理、科学，农村可再生能源信息推广的宏观目标才有可能实现。

1. 农村可再生能源信息推广机制的顶层设计

为了有效推广农村可再生能源信息，地方政府必须从地方实际出发，必须考虑到地方农村居民群体的特殊属性，例如受教育水平、经济收入、传统文化等。然而由于信息的不对称性，地方政府不可能完全了解农村居民群体的属性特征。为了提高地方政府可再生能源信息推广的顶层设计科学性，本节构建了地方政府和农村居民群体之间的博弈机制，简要介绍了当存在（低需求，高需求）两种类型的农村居民群体的情况下农村可再生能源信息推广机制的顶层设计，如图7-9所示。

假设农村居民群体属于低需求群体的概率为 α，属于高需求群体的概率为 $1-\alpha$。

当农村居民群体属于低需求的类型，地方政府采用积极推广可再生能源信息推广策略时，实现可再生能源信息推广目标的概率为 β_0，不能实现推广目标的概率为 $1-\beta_0$。如果地方政府正常推广可再生能源信息，必然达不到既定的可再生能源推广目标。当农村居民群体属于高需求的类型时，地方政府采用积极推广可再生能源信息推广策略，必然能够实现既定的推广目标。如果在高需求下，地方政府采用正常的可再生能源信息推广政策，实现农村可再生能源信息推广目标的概率为 β_1，不能实现推广目标的概率为 $1-\beta_1$。显然，如果农村群体属于高需求类型，地方政府如果既有策略不能实现农村可再生能源推广目标，政府必须采取相应的措施以纠正推广效果。令 w 表示实现既定目标时，地方政府可以获得的效用水平；c_0 和 c_1 分别表示地方政府积极推广或正常推广农村可再生能源信息时所需要支付的两种成本，其中 $c_0 > c_1$，表示积极推广可再生能源信息要比正

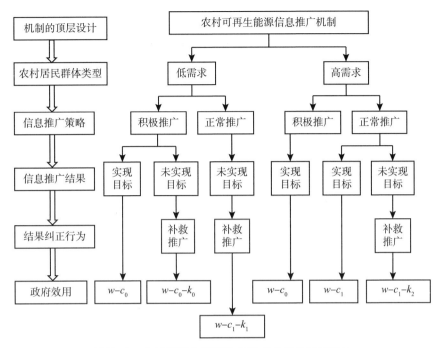

图 7-9 农村可再生能源信息推广机制的顶层设计

常推广需要支付更高的成本；k_0、k_1 和 k_2 分别表示在三种不同的情景下，当农村可再生能源信息推广效果未达到地方政府的预定目标时，地方政府采取相应措施纠正可再生能源信息推广效果所必须支付的价格。其中，必然有 $k_1 > k_0$，且 $k_1 > k_2$，表示当农村居民群体属于低需求类型且地方政府正常推广可再生能源信息时，地方政府的补救成本最高。

因此，如果地方政府选择积极推广可再生能源信息，地方政府可以获得的预期收益为：

$$F_0 = \alpha\beta_0(w - c_0) + \alpha(1 - \beta_0)(w - c_0 - k_0)$$
$$+ (1 - \alpha)(w - c_0) = w - c_0 - \alpha(1 - \beta_0)k_0 \qquad (7.14)$$

如果地方政府选择正常推广可再生能源信息，地方政府可以获得的预期收益为：

$$F_1 = \alpha(w - c_1 - k_1) + (1 - \alpha)\beta_1(w - c_1) + (1 - \alpha)(1 - \beta_1)(w - c_1 - k_2)$$
$$= w - c_1 - \alpha k_1 - (1 - \alpha)(1 - \beta_1)k_2 \qquad (7.15)$$

当 $F_0 > F_1$ 时，可得 $c_0 - c_1 < \alpha k_1 + (1 - \alpha)(1 - \beta_1)k_2 - \alpha(1 - \beta_0)k_0$，表示若地方政府选择积极推广可再生能源信息时获得的收益大于正常推广

时的收益，地方政府必然选择积极推广策略。反之，如果 $c_0 - c_1 > \alpha k_1 + (1 - \alpha)(1 - \beta_1) k_2 - \alpha (1 - \beta_0) k_0$，地方政府将倾向于选择正常推广策略。该结果表明，在既定的农村可再生能源信息推广目标下，地方政府会选择实施总成本最小的策略。

当 $\alpha = 1$ 时，农村居民群体属于低需求类型，有 $F_0 = w - c_0 - (1 - \beta_0) k_0$，$F_1 = w - c_1 - k_1$，地方政府选择积极推广农村可再生能源信息策略的必要条件为：

$$c_0 - c_1 < k_1 - (1 - \beta_0) k_0 \qquad (7.16)$$

其中，c_0 和 k_0 越小，c_1、k_1 和 β_0 越大，地方政府越可能选择积极推广策略。式（7.16）可以变换为：

$$\beta_0 > \frac{c_0 + k_0 - c_1 - k_1}{k_0} = \beta_0^* \qquad (7.17)$$

式（7.17）表示对于某一特定的低需求类型的农村居民群体，只要地方政府实施积极推广策略时实现可再生能源信息推广目标的概率大于 β_0^*，地方政府采用积极推广策略是有利的。β_0^* 的大小取决于未实现推广目标时，两种信息推广策略的总成本的差异，即 $(c_0 + k_0) - (c_1 + k_1)$，总成本差异越小，$\beta_0^*$ 的值越小，地方政府选择积极推广农村可再生能源信息的概率越大。

当 $\alpha = 0$ 时，农村居民群体属于高需求类型，有 $F_0 = w - c_0$，$F_0 = w - c_1 - (1 - \beta_1) k_2$，地方政府选择积极推广农村可再生能源信息策略的必要条件为：

$$c_0 - c_1 < (1 - \beta_1) k_2 \qquad (7.18)$$

其中，c_0 和 β_1 越小，c_1 和 k_2 越大，地方政府越可能选择积极推广策略。式（7.18）可以表示为：

$$\beta_1 < \frac{k_2 + c_1 - c_0}{k_2} = \beta_1^* \qquad (7.19)$$

式（7.19）表示对于某一特定的高需求类型的农村居民群体，只要地方政府实施正常推广策略时实现可再生能源信息推广目标的概率小于 β_1^*，地方政府采用积极推广策略是有利的。β_1^* 的大小取决于正常推广策略未实现推广目标时两种信息推广策略的总成本的差异，即 $k_2 + c_1 - c_0$，总成本差异越大，β_1^* 的值越大，地方政府选择积极推广农村可再生能源信息的概率越大。

2. 农村可再生能源信息推广机制的底层设计

如何降低信息推广的成本，是设计农村可再生能源信息推广机制面临的一个重要问题。农村地区面积广阔、人口密度较低，居民与居民之间的联系紧密度较低。松散的、简单的农村人际关系结构增加了地方政府推广可再生能源信息的成本，也导致了地方政府更加难以实现农村可再生能源信息推广目标。提高农村居民之间相互联系的紧密程度有两种，一是构建新的信息流通渠道，丰富既有农村居民之间的联系方式；二是将农村居民集中安置，提高农村居民的邻居数量。无论是构建信息流通渠道，还是集中农村居民，都需要地方政府财政的大力支持。本节通过农村可再生能源信息推广机制的底层设计，探索使农村可再生能源信息推广成本最小化的两种方案的组合策略。

　　为了便于分析农村社会结构对可再生能源信息推广效果的影响，本节假设政府提供的可再生能源信息是有效的，即只要农村居民接收到具有一定真实度的可再生能源信息时，农村居民必然会接受可再生能源。在地方政府提供有效补贴信息的假设下，农村可再生能源信息推广机制可以被看作农村居民群体之间可再生能源信息传递机制。如图 7 – 10 所示，政府在选择一个农村居民作为可再生能源信息的初始变异点之后，该农村居民会作为二级信息源，选择将可再生能源信息向其所有邻居传递。然后，接收到可再生能源信息的邻居会改变其能源选择，并进一步将可再生能源信息往下传递。该过程将不断重复，直到整个农村居民群体的能源策略都发生变异。在信息传递过程中，可再生能源信息的真实度会随着传递时期不断降低，导致可再生能源信息推广失败。因此，地方政府会随时对可再生能

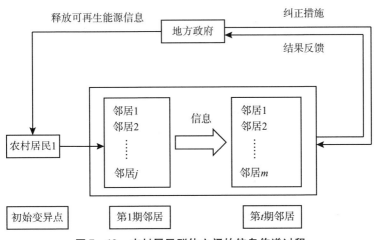

图 7 –10　农村居民群体之间的信息传递过程

源信息的传递效果进行监督，并对信息传递效果较差的环节采取可再生能源信息纠正措施。

假设某一农村有 N 个农村居民，每个农村居民的邻居个数为 n。地方政府的可再生能源信息推广目标是使得所有农村居民均接收到可再生能源信息，并引导接收到可再生能源信息的农村居民选择可再生能源策略。如图 7－11 所示，令 $N=60$，$n \in \{2, 3, 4\}$，绿色节点表示初始可再生能源信息的接收者，即初始变异节点；红色节点表示未接收到政策信息仍在使用传统能源的农村居民，即未变异节点。由图 7－11（a）可知，当 $n=2$ 时，信息传播机制需要作用 5 次才能将政策信息由初始变异节点传播至最末端未变异节点，此时最边缘的农村居民才能接收到可再生能源项目相关政策信息；由图 7－11（b）可知，当 $n=3$ 时，传播次数为 4 次；由图 7－11（c）可知，当 $n=4$ 时，传播次数为 3 次。由此可推，在固定的农村发展规模之下，农村居民的邻居个数 n 越大，居民间联系密切程度越高，越有利于提高可再生能源政策信息的传播速度和拓展农村居民对可再生能源相关信息的"接受圈"（周文兵，2019）。

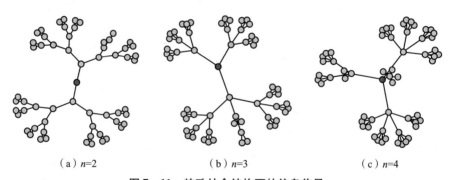

（a）$n=2$　　　　（b）$n=3$　　　　（c）$n=4$

图 7－11　特殊社会结构下的信息传导

另外，农村居民的邻居数量越多，意味着地方政府越要支付的成本越多。假设 $t(N, n)$ 是可再生能源信息传递至所有农村居民时所需要的时间函数，$\partial t / \partial n < 0$，$\partial t / \partial N > 0$，表示邻居数量越多，农村居民群体数量越小，可再生能源信息传递所需时间越少。在可再生能源信息传递过程中，地方政府在每一期信息传播过程中需要支付信息监管成本 C_1。$f(N, n)$ 为信息流通渠道构建函数，C_2 表示节点每增加一个邻居所增加的信息渠道建设成本，邻居越多，渠道建设总成本越高，即 $\partial f / \partial n > 0$。假设初始信息真实度为 1，每经过一次农村居民之间的信息传递，可再生能源信息可以保留的真实度为 v，v 的取值范围为 [0，1]。因此在 t 时期，可再生能源信息的真实度可以表示为：$V(t) = v^t$。如果在某一时刻，$v^t < V^*$，农村居民无法从可再生能源信息中获得足够的预期收益，农村居民将不接受可再生能源。此时，地方政府必须采取信息纠正措施，以提高可再生能源的信息真实度，并为此支付成本 k。在整个信息传递的过程中，对于某一特定规模的农村居民群体 N，地方政府需要支付的总支出为：

$$G = t(N, n) \times C_1 + f(N, n) \times C_2 + \sum_{i=1}^{t} D \times k \qquad (7.20)$$

其中，D 为指示函数，当 $v^t < V^*$ 时，$D = 1$；否则，$D = 0$。为了实现农村可再生能源信息推广成本最小化成本，对式（20）进行求导得：

$$\frac{dG}{dn} = \frac{dt}{dn} \times C_1 + \frac{df}{dn} \times C_2 + k \times \frac{d(\sum D)}{dt} \times \frac{dt}{dn}$$

$$= \frac{dt}{dn} \times \left[C_1 + k \times \frac{d(\sum D)}{dt} \right] + \frac{df}{dn} \times C_2 \qquad (7.21)$$

其中，$\dfrac{d(\sum D)}{dt} > 0$，表示农村可再生能源信息推广所需的时间越长，信息真实度流失得越多，那么政府需要采取信息补救行为的概率就越大。假设存在驻点 n^*，使得在该点处，$\left. \dfrac{\partial G}{\partial n} \right|_{n=n^*} = 0$。由于 $\partial t / \partial n < 0$ 且 $\partial f / \partial n > 0$，农村可再生能源信息推广成本和邻居数量之间的关系如图 7 – 12 所示。当 $n < n^*$ 时，$\partial G / \partial n < 0$，农村可再生能源信息推广成本随着邻居数量的增加而减小；当 $n > n^*$ 时，$\partial G / \partial n > 0$，农村可再生能源信息推广成本随着邻居数量的增加而增加；当 $n = n^*$ 时，农村可再生能源信息推广成本取最小值。

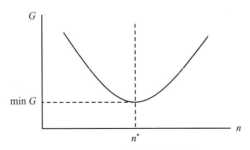

图 7 – 12　信息推广成本趋势

随着信息监管成本的增加，信息渠道的建设成本的减小，n^*向左移动。根据n^*的位置，可将政府信息传导机制分为三种情形：

（1）若$n^* \geq \max n$，$\partial G/\partial n < 0$，此时代表农村居民邻居数量越多、联系紧密程度越大，政府对于可再生能源宣传付出的成本越小。我国大部分西北农村地区地广人稀，过于分散的人口导致可再生能源信息推广效果不佳。随着新农村建设是农村人口密集程度加大，科技通信网络技术使信息传播更加便捷，这对于政府而言，都大大节省了信息渠道的建设成本和监管成本，但是相比之下，建设成本的下降速度要超过监管成本。因此，此时拓展信息渠道建设对于有效推动农村可再生能源发展具有重要意义。

（2）若$\min n < n^* < \max n$，n^*点对应着政府支出最小值和渠道建设与信息监管边际效用相等的临界点。当$n < n^*$时，渠道建设的边际效用大于信息监管；当$n > n^*$时，信息监管的边际效用大于渠道建设。但是由于新农村建设发展迅速，该点难以在现实信息推广过程中真正实现，它只能作为政府推广可再生能源时的一个优化策略组合的理想化标杆逐步被趋近。

（3）若$n^* \leq \min n$，$\partial G/\partial n > 0$，此时，居民邻居数量的增多会引起政府总支出增速的上升。当农村人口密集程度达到稳定状态，通信设施等传播途径的建设趋于完善时，信息监管的边际效用的提高速度将远大于拓展信息渠道。如何通过加强信息监管确保农村可再生能源信息快速、全面、准确地传达到每一位农村居民是当前完善政府信息传导机制应该解决的首要问题。

7.3.3　农村可再生能源信息推广决策流程分析

为完善农村可再生能源信息推广机制，基于农村居民群体类型和农村社会结构，本节分别进行了顶层设计和底层设计。另外，我们建议应该构建自下而上的农村可再生能源信息推广机制，先优化农村社会结构，再决定地方政府的可再生能源信息推广策略，具体如图7-13所示。

地方政府在制订农村可再生能源信息推广目标前，应该正确认识自身和农村的实际情况。农村可再生能源建设不可能一蹴而就，地方政府需要有一个长期的能源转型规划。农村能源转型是地方发展战略的一个重要内容，必须在保障地方经济和能源安全的前提下有序展开。同时，地方政府在制订短期可再生能源信息推广目标时，必须考虑到当前地方政府本身的

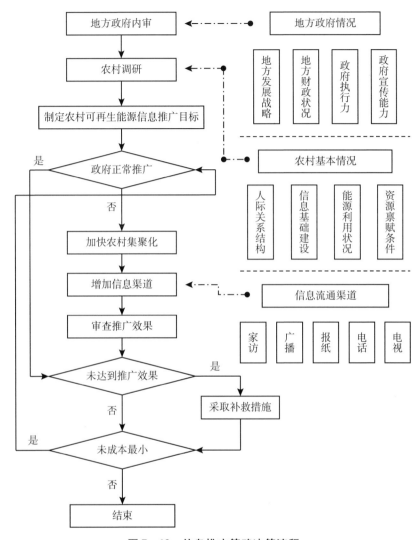

图 7 - 13 信息推广策略决策流程

能力，例如，财政能力、执行能力、宣传能力等。如果地方政府制定的农村可再生能源信息推广目标不切实可行，这可能使得农村可再生能源信息推广沦为一场空谈，更可能导致地方政府的信誉受损，不利于地方可再生能源的长期发展。地方政府只有充分了解当地农村的基本情况，才能制定了解农村居民群体的需求类型，才能制定出合理的可再生能源推广目标。农村调研环节有助于地方政府能够了解农村人际结构、信息基础设施建设情况、能源利用状况和资源禀赋条件，从而使得地方政府能够实事求是地对农村可再生能源信息推广工作进行科学的规划。

在确定农村可再生能源信息推广目标之后，地方政府会通过分析农村调研所掌握的信息预测出农村可再生能源的整体需求类型，并决定采取相应的农村可再生能源信息推广策略。如果正常推广能够实现可再生能源信息推广目标，正常推广策略必然是成本最小化的策略。但由于大部分农村发展落后的客观实际，正常推广策略通常难以实现可再生能源信息推广目标。因此，地方政府将面临两种选择，一是在选择正常推广策略时，也同时制定补救措施，预防出现可再生能源信息推广效果不够理想的情况；二是直接选择积极推广策略，在该策略下，地方政府可以通过加快农村集聚速度、增加可再生能源信息流通渠道两种方式，促进农村可再生能源信息推广进程。地方政府应成立农村可再生能源专项部门，时刻关注、检验农村可再生能源信息推广效果。如果农村可再生能源信息推广目标没有实现，专项部门应采取既定的补救措施。最终，基于成本最小化原则，地方政府会对实现推广目标时的农村可再生能源信息推广策略进行成本评估，并从中选择成本最小的推广策略。

7.3.4 研究启示

通过本节的分析，我们可以发现以下结论：

（1）如果农村居民群体对可再生能源的需求越低、政府推广可再生能源所需要的总成本越大，政府就越不应该选择积极的信息推广策略。相反，如果农村居民群体对可再生能源的需求越大、政府推广可再生能源所需要的总成本越小，政府采用"积极推广"策略和"偷懒"策略之间的总成本差异越小，地方政府则倾向于积极推广农村可再生能源信息。因此，政府应该优先选择资源丰富、基础条件较好的地区进行可再生能源宣传，这样会取得相对较好的效果。

（2）农村可再生能源信息推广成本的大小取决于农村社会结构的紧密程度。农村居民的居住越稠密，邻居数量越多，可再生能源信息推广成本越小，地方政府选择积极推广策略就越有利。由此我们可以知道，政府优先选择在人口稠密、信息交流方便的地区建设可再生能源示范工程，会产生更好的宣传效果。

7.4 促进农村可再生能源发展的配套服务机制分析

农村居民在选择能源策略时，不仅仅会重视可再生能源带来的短期效应，而且还会考虑到长期中可再生能源的配套设施和相关服务等。然而，农村能源基础设施不健全，极度缺少可再生能源服务型相关产业。在选择投资可再生能源后，农村居民必然会遇见诸多问题，例如，余电上网问题、设备维修问题、能源政策咨询等。这些问题降低了农村居民选择可再生能源的意愿，导致了农村可再生能源发展缓慢。因此，地方政府应该积极完善可再生能源发展的配套和服务机制，引导农村可再生能源项目走上可持续发展的道路。为推进农村可再生能源配件和服务产业的发展，本节基于委托代理理论，研究了农村可再生能源相关产业的激励机制。

7.4.1 理论分析

从本质上来看，地方政府将农村可再生能源配套服务外包给企业，实际上是一种委托—代理关系。地方政府是委托人，而企业是农村可再生能源配套服务的代理人。当地方政府将农村可再生能源配套服务项目委托给企业时，地方政府希望企业能积极为选择可再生能源的农村居民选择相关配套服务，但是地方政府不能完全直接观测到企业的行为信息，即地方政府不能有效地监督代理企业。因此，地方政府和企业之间的委托—代理关系最重要的问题是，如何通过已观测到的、有限的信息奖励或者惩罚代理企业，继而是企业在与政府预期一致的方向上做出相应的努力，以此实现地方政府收益最大化。由于可再生能源配套服务的特殊性和专业性，地方政府通过合同的方式将某一地区的农村可再生能源配套服务项目委托给外包企业后，地方政府并不关注企业对配套服务的执行情况，它只在乎配套服务的最终质量。这意味着，整个配套服务项目的执行过程缺乏政府监督，企业可以自行控制可再生能源配套服务的项目进程、项目质量和项目资源配置情况。地方政府和企业之间存在严重的信息不对称问题，合同后的信息不对称容易导致道德风险问题，即企业可能为了最大限度扩大自己的效用而不顾地方政府的利益。

地方政府和企业之间的委托代理过程是一个相互制约、相互促进的过程，具体如图 7-14 所示。地方政府将制定详尽的可再生能源配套服务项目委托合同，要求外包企业严格履行合同义务，并支付企业一定外包费用。同时，为了降低道德风险，地方政府会制定相应的激励机制和惩罚机制，驱使企业积极实现地方政府的效用最大化。企业根据农村居民群体对可再生能源配套服务的需求提供相应的服务，包括完善基础设施、可再生能源设备的日常管理、可再生能源项目培训等。企业是农村可再生能源配套服务的执行主体，对配套服务的供需关系具有完全信息。为了获得更多的利润，企业可能不会完全履行合同义务，采取更有利于自身的行动策略。企业的利己策略有可能与地方政府的利益相冲突，导致农村可再生能源配套服务达不到地方政府预期水平。但是，地方政府不能直接监测到企业所提供的服务过程以及服务质量，只能根据农村居民所反馈的信息大致判断企业对合同的履行情况；或者派遣专业人员定期监测农村可再生能源配套服务合同的情况，对企业行为进行评定，进而决定奖励或者惩罚企业。

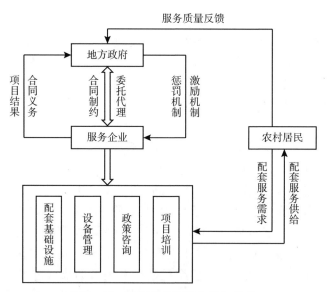

图 7-14　可再生能源配套服务关系

7.4.2　委托代理模型构建

考虑一个地方政府和承包企业之间的委托代理机制。地方政府有两种可能的效用水平，高的效用水平（π_H）和低的效用水平（π_L）。企业可以通过积极提供可再生能源配套服务或者以较低的努力程度提供服务，来影响地方政府获得的高利润水平或者低利润水平的概率。当企业选择高的努力程度时，地方政府获得高效用水平的概率为 p_h；当企业选择低的努力程度时，地方政府获得高效用水平的概率为 p_l。其中，$0 < p_l < p_h < 1$，表示企业努力时地方政府更有可能获得较高的效用水平。

如果地方政府能够看到企业履行合同的实际情况，那么地方政府可以明确制订一个高努力水平下的外包合同。问题在于，地方政府无法看到企业的努力水平。为了引导企业积极提供农村可再生能源配套服务，地方政府的唯一办法是提供一个适当的激励合同：如果地方政府获得的效用水平较高，它将支付给企业较高的费用 w_H；如果地方政府获得的效用水平较低，它将支付给企业较低的费用 w_L。其中，$w_L < w_H$。为了实现预期目标，地方政府将通过适当的激励机制决定支付何种激励费用，具体如图 7-15 所示。假设地方政府支付给企业的费用给以为企业带来的效用为 $u(w)$，企业努力提供农村可再生能源配套服务的成本为 d_h，以较低的努力程度提供配套服务的成本为 d_l，$d_h > d_l$。当企业积极提供农村可再生能源配套服务时，企业获得支付 $(u(w_H) - d_h, u(w_L) - d_h - M)$ 的概率分别为 $(p_h, 1 - p_h)$。M 表示当企业提供的农村可再生能源配套服务达不到地方政府的预期时，地方政府对企业的惩罚力度。综上可知，当企业选择高努力策略时，企业可以获得的期望效用是：

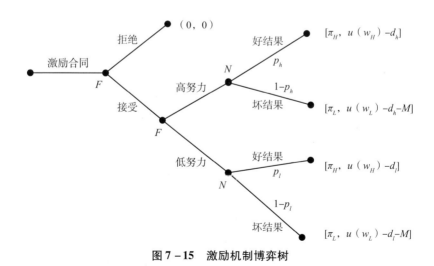

图 7-15 激励机制博弈树

$$p_h\big[u(w_H)-d_h\big]+(1-p_h)\big[u(w_L)-d_h-M\big]=p_hu(w_H)$$
$$+(1-p_h)\big[u(w_L)-M\big]-d_h$$
$$(7.22)$$

当企业选择低努力策略时，企业可以获得的期望效用为：

$$p_lu(w_H)+(1-p_l)\big[u(w_L)-M\big]-d_l \qquad (7.23)$$

根据激励相容理论可知，当且仅当式（7.22）至少不小于式（7.23）时，企业才会拒绝低努力策略，而选择积极提供农村可再生能源配套服务，即诱导企业选择高努力策略的激励相容约束为：

$$(p_h-p_l)\big[u(w_H)-u(w_L)+M\big]\geq d_h-d_l \qquad (7.24)$$

由式（7.24）可知，企业选择高努力策略时出现好结果的概率越大，企业获得高支付时的效用越高，地方政府的惩罚力度越大，企业选择高努力策略时所支付的成本越低，则越有利于激励企业选择高努力策略。相应地，如果企业选择低努力策略时出现好结果的概率越大，企业获得低支付时的效用越高，地方政府的惩罚力度越小，企业选择低努力策略时所支付的成本越低，则越不利于激励企业选择高努力策略。

假设企业将既有的资源用于其他用途可以获得的期望收益为 R，即机会成本。如果企业接受农村可再生能源配套服务项目时的预期收益小于 R，企业将拒绝承包农村可再生能源配套服务项目。因此，如果地方政府想要企业接受配套服务项目，并积极履行委托合同，地方政府必须至少支付给企业 R 的费用。综上可知，企业积极提供农村可再生能源配套服务的参与约束为：

$$p_hu(w_H)+(1-p_h)\big[u(w_L)-M\big]-d_h\geq R \qquad (7.25)$$

由式（7.25）可知，当其他要素不变时，机会成本 R 越大，企业选择高努力策略所需支付的成本 d_h 越高，式（7.25）成立的概率越小。这表示，较高的机会成本和执行成本阻碍了农村可再生能源配套服务的发展。

假设企业选择积极提供农村可再生能源配套服务，地方政府可以获得的期望收益为：

$$p_h(\pi_H-w_H)+(1-p_h)(\pi_L-w_L) \qquad (7.26)$$

相应地，假设企业选择以较低的努力程度提供农村可再生能源配套服务，地方政府可以获得的期望收益为：

$$p_l(\pi_H-w_H)+(1-p_l)(\pi_L-w_L) \qquad (7.27)$$

显然，当式（7.24）和式（7.25）取等号时，地方政府支付的外包费用期望值最小，即支付费用 w_H 和 w_L 是地方政府的最优选择。

在企业积极提供农村可再生能源配套服务的前提下，令地方政府的期望成本为 C：

$$C = p_h w_H + (1 - p_h) w_L \qquad (7.28)$$

如图7-16所示，令 w_H 为 w_L 的函数。当地方政府期望成本为既定常数时，高支付费用和低支付费用之间存在相互替代的关系，即地方政府的等成本线向右下方倾斜。激励相容约束曲线是一条向右上方倾斜的曲线，表示如果地方政府支付给低努力类型企业的费用越高，为了转变其努力策略，地方政府必须为高努力类型的企业支付更高的费用。激励相容约束曲线上方的点表示，地方政府支付给高努力类型的企业过高的费用，可以激励企业选择高努力策略，但增加了地方政府的财政负担。激励相容约束曲线下方的点表示，地方政府支付给高努力类型企业的费用较低，而支付给低努力类型企业的费用较高，有利于降低地方政府财政压力，但不利于企业选择高努力策略。当点处于等成本线上方时，地方政府的实际支付超出了地方政府的财政能力；而当点处于等成本线下方时，地方政府存在闲置资源。如果点处于参与约束曲线上方时，表示企业选择接受地方政府可再生能源配套服务的外包项目是有利可图的。如果点处于参考约束曲线下方时，表示企业选择其他项目可以获得更多的收益，企业将拒绝提供可再生能源配套服务。图7-16中的 A 点为参与约束曲线、激励相容约束曲线和地方政府的等成本线的交点，在该点处，地方政府能够以最小的成本引导企业严格履行外包合同，积极推进农村可再生能源配套服务项目。

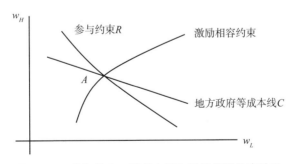

图7-16 参与约束、等成本线和激励相容约束关系

综上可知，地方政府和企业之间的委托代理机制可以表示为：

$$\min C = p_h w_H + (1 - p_h) w_L \qquad (7.29)$$

S. T.

$$p_h u(w_H) + (1 - p_h)[u(w_L) - M] - d_h \geqslant R$$
$$(p_h - p_l)[u(w_H) - u(w_L) + M] \geqslant d_h - d_l$$

7.4.3 委托代理机制分析

农村可再生能源配套服务的委托代理机制如图 7 – 17 所示,地方政府为了加快农村可再生能源配套服务建设,向当地相关企业公开农村可再生能源配套服务外包项目。通过对能源配套服务市场的调研活动,地方政府可以大致了解可再生能源配套服务成本 $\{d_l, d_h\}$ 以及农村居民的需求状况。基于成本和需求预期,地方政府制订农村可再生能源配套服务的外包合同,并召集地方企业进行外包项目投标。如果没有一个企业愿意接受农

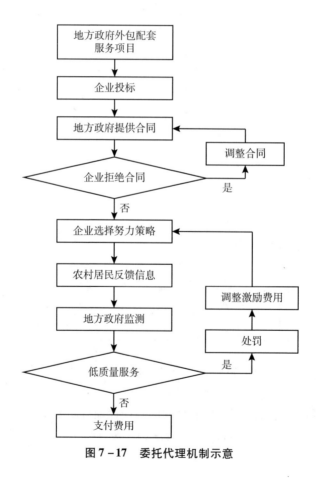

图 7 – 17　委托代理机制示意

村可再生能源配套服务外包项目，说明合同制订有不合理之处，地方政府将对合同进行调整，直到企业愿意接受该项目。根据地方政府提供的初始项目外包费用 $\{w_L, w_H\}$，企业选择能够实现利润最大化的努力策略，并向农村居民提供高质量或者低质量的可再生能源配套服务。为了及时了解农村可再生能源配套服务的项目进程，地方政府将紧密联系农村居民，通过农村居民反馈的信息大致估计企业对可再生能源配套服务外包合同的履行情况。受认知能力的限制以及理性偏好的影响，农村居民可能夸大企业不合理的行为。为了核实农村居民反馈的信息，地方政府需要定期派遣监管人员对农村可再生能源配套服务状况进行监测。如果地方政府发现企业提供了低质量的可再生能源配套服务，地方政府将对企业进行处罚并处以罚款 M，同时调整合同费用进一步激励企业选择提供高质量的可再生能源配套服务。通过这一环节，地方政府将得到可再生能源配套服务项目的成功概率 $\{p_l, p_h\}$。如果农村可再生能源配套服务项目达到了地方政府期望目标，地方政府将支付合同约定的费用。

为了更加清晰地展现农村可再生能源配套服务委托代理机制，本节采用 R 语言编写委托代理机制的仿真程序。令企业效用函数 $u(w) = w^{1/2}$，表示地方政府支付的费用越高，企业得到的效用越大，但是效用增长的速度是递减的。令惩罚力度 $M = 0.2$，$R = 1$，$d_h = 0.9$，$d_l = 0.1$，$p_h = 0.8$，$p_l = 0.2$。假设地方政府支付的最低费用 w_l 的取值范围为 $(1, 2)$，最高支付费用 w_H 的取值范围为 $(w_l, +\infty)$。根据以上赋值，得到的委托代理机制为：

$$\min C = 0.8 \times w_H + 0.2 \times w_L \tag{7.30}$$

S. T.

$$0.8 \times w_H^{0.5} + 0.2 \times (w_L^{0.5} - 0.2) - 0.9 \geqslant 1$$

$$0.6 \times (w_H^{0.5} - w_L^{0.5} + 0.2) \geqslant 0.8$$

仿真结果如图 7-18 所示，实线表示地方政府支付的期望费用，虚线表示在企业努力提供农村可再生能源配套服务时政府支付的激励费用。随着低努力时的最低支付费用的增加，期望费用和激励费用经过短暂的波折后，均持续呈现上升的趋势。当最低支付费用为 $w_L = 1.4$ 时，激励费用约为 5.3973，如 B 点所示；期望费用约为 4.5979，如 C 点所示。当最低支付费用 $w_L = 1.7$，激励费用约为 5.9723，如 B' 点所示；期望费用约为 5.1179，如 C' 点所示。线段 BC 的长度为 0.7994，线段 $B'C'$ 的长度为 0.8544。这表示，当企业的效用函数曲线为"凹"型曲线时，随着最低支付费用的增加，激励费用和期望费用之间的差距将逐渐增大。换句话说，当企业在不积极的情况下提供农村可再生能源配套服务时，如果企业仍然需要支付较高的成本，为了促使企业采用高努力策略，地方政府将不得不相应地提高激励费用，并且这种激励费用的实际激励效果会损失一部分。

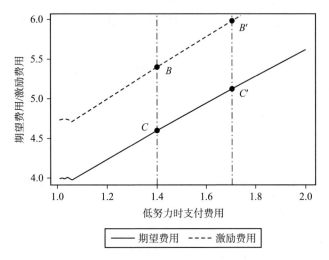

图 7 – 18　委托代理机制仿真图

当惩罚力度 M 由 0.2 上升至 0.5 时，农村可再生能源配套服务委托代理机制的仿真结果如图 7 – 19 所示。其中，实线代表的是惩罚力度为 $M =$ 0.2 时的地方政府需要支付费用的期望值，虚线代表的是惩罚力度 $M = 0.5$ 时的地方政府需要支付费用的期望值。随着最低支付费用的增加，两条曲线均呈现先减后增的变动趋势，但 $M = 0.5$ 所对应的曲线出现转折点的时间更晚，转折点对应的期望费用也更小。D 点为 $M = 0.2$ 对应曲线和 $M =$ 0.5 对应曲线的交点，此时最低支付费用为 $w_L = 1.19$，地方政府的期望支付费用为 $C = 4.2194$。在 D 点左侧，虚线的位置高于实线，表示当农村可再生能源配套服务的最低支付费用较低且可行时，地方政府提高惩罚力度可能会适得其反。严厉的惩罚导致企业提高了对激励费用的要求，进而增加了地方政府支出费用的期望值。在 D 点右侧时，虚线的位置低于实线，表示当企业在付出较低的努力而地方政府仍然支付较高的费用时，较高的惩罚力度有利于企业减少投机性行为，降低了企业对激励费用的需求，所以地方政府的支付费用的期望值逐渐减少。但是，地方政府支付费用的期望值并不会一直减少。当最低支付费用上升至 $w_L = 1.77$ 时，地方政府的期望费用达到最小值，约为4.1225。在该点之后，地方政府的期望费用呈现持续上升趋势。原因在于，迅速增加的最低支付费用抵消了较高最低费用的激励效果和高惩罚力度的引导效果，加剧了地方政府的财政压力。

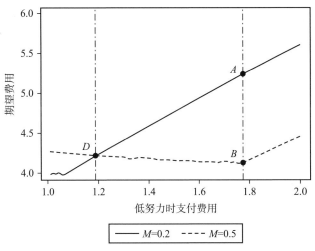

图 7 - 19   不同惩罚力度对机制仿真的影响

7.4.4   研究启示

通过委托代理理论，本节论述了地方政府和企业之间的博弈关系，研究了促进农村可再生能源发展的配套服务机制。研究结果表明，企业的努力成本差异、农村可再生能源配套服务项目的成功概率、惩罚力度、机会成本以及企业效用会影响地方政府的激励机制。通常情况下，企业成本越高，企业选择努力时项目成功的概率越小，机会成本越高，企业越不可能接受农村可再生能源配套服务的外包项目；同时，为了引导企业选择高努力策略，地方政府将必须提高激励费用。随着地方政府支付的费用逐渐提高，激励费用的积极效果减弱，同时高惩罚力度的制约效果也逐渐下降，地方政府面临严峻的财政赤字风险。

基于上述研究，我们提出了以下建议：

（1）制订科学的激励合同，实现地方政府和企业"双赢"策略。由仿真结果可知，存在一个最优点，即在该点处，地方政府能够以最低的成本激励企业积极提供农村可再生能源配套服务。为了实现"双赢"策略，地方政府应该统筹农村可再生能源发展战略和企业发展战略，在保障企业可持续发展的前提下提供合理的激励费用，以维护企业日常运营活动。同时，较高的合同费用能够有效吸引地方先进企业参与农村可再生能源配套服务外包项目的投标活动，提高了农村可再生能源配套服务项目的建设质量。在较高费用的激励下，企业投机行为的动机降低，企业将更倾向于选择高努力策略。但是，地方政府在制订激励合同时，必须考虑到自身财政能力的限制。只有在保障地方财政收支平衡，才更好地促进农村可再生能源配套服务的稳定发展。

（2）建立健全农村可再生能源配套服务项目的监管机制，通过合理的惩罚措施引导企业积极履行配套服务外包合同。企业始终是一个营利性的组织，以实现"利润最大化"作为最终目标。由于信息的不对称性，在企业提供农村可再生能源配套服务过程中，整个项目一直处于"零政府监督"的状态。由于项目缺乏有效的监管环节，企业极有可能产生投机意愿。地方农村居民作为可再生能源配套服务项目最直接的利益相关者，对配套服务质量拥有最可信的发言权。因此，地方政府应与农村居民紧密联系，时刻警惕企业的违约行为。一方面，当地方政府发现企业存在"偷懒"现象时，应立即采取严厉的惩罚措施，及时纠正企业错误行为。但是另一方面，惩罚机制提高了地方政府的总成本，出现过犹不及的情况。因此，在制订惩罚力度时，应以预防为主，配合激励机制综合使用。

（3）建立信息共享平台，加强地方政府和企业之间的信息联系。根据农村可再生能源配套服务的委托机制分析可知，高效的激励合同离不开地方政府对企业背景和可再生能源配套服务项目的具体信息的了解。只有彻底打破地方政府和企业之间的信息壁垒，实现信息对称化，才能实现农村可再生能源配套服务又好又快地发展。为了实现这一目标，企业可以建立网上信息共享平台，以便于企业分享可再生能源配套服务项目的建设经历，并及时从信息共享平台中获得相关的必要的帮助。对于地方政府而言，通过信息共享平台，地方政府能够更好地了解企业类型、可再生能源配套共享项目的建设成本和成功概率。基于这些信息，地方政府可以建立有效的激励机制，进而推进农村可再生能源配套服务项目的建设进程；也有利于地方政府采用精准的惩罚措施，减少财政资源浪费，保障农村可再生能源配套服务项目的建设质量。

第8章

促进中国农村可再生能源发展的政策建议

8.1　中国农村可再生能源激励政策的目标分析

党的十八大提出了生态文明的发展理念，把中国特色社会主义建设的总体布局确定为经济建设、政治建设、文化建设、社会建设、生态文明建设五位一体，并提出了建设"美丽中国"的发展目标，为农村可再生能源的发展奠定了良好的基础。党的十九大指出，农业农村农民问题是关系国计民生的根本性问题，必须始终把解决好"三农"问题作为全党工作的重中之重，大力实施乡村振兴战略，这为农村可再生能源的进一步发展提供了良好的发展机遇。但是，当前农村地区大量存在的煤炭散烧、畜禽粪便及农林废弃物缺乏有效处置的现象，会严重影响国家生态文明建设及乡村振兴目标的实现。

我们认为，在当前全国生态文明建设和乡村振兴战略的背景下，农村可再生能源激励政策的目标应该包括以下五个方面：

8.1.1　保护生态环境、建设"美丽中国"

"生态文明建设"是中国五位一体总体布局的重要一环，是中国全面建设小康社会的重要组成部分。农村在生产过程中会产生大量的秸秆、树枝和畜禽粪便等废弃物。这些废弃物都是宝贵的可再生能源资源，但如果得不到有效的利用，反而会给当地环境带来很大的压力。特别是随着农村畜禽业规模化养殖的发展，畜禽排泄物和污水的产生量大大增加，给当地的环境带来了严峻考验。如何将这些宝贵的可再生能源资源变废为宝，减少对环境的破坏，是当前"美丽中国"建设中的一个重要课题，也是政府制定农村可再生能源激励政策需要考虑的一个目标。

8.1.2 促进产业发展、助力乡村振兴

"产业兴旺、生活富裕"是乡村振兴的重要目标。农村地区具有丰富资源的可再生能源资源，充分开发和利用这些资源可以形成一个新兴产业，增加农村地区就业、提升农民收入。为实现乡村振兴这一伟大目标，政府在制定农村可再生能源激励政策时需要把培育可再生能源产业、增加农民收入作为一个重要考量。

8.1.3 提升用能品质、打造宜居乡村

让每个人都享有高品质的能源供应是联合国千年发展目标中的一项重要指标，也是我国"乡村振兴"战略提出的打造"宜居乡村"的重要内容。当前，我国农村地区的生活用能还有很大比例来源于薪柴和秸秆等的非商品化能源，商品化能源中散烧煤炭占有绝对优势，这样低品质的能源消费水平制约着农民生活品质的提高。因此，政府在制定农村可再生能源激励政策时，需要考虑建设"宜居乡村"的需要，把提升农村居民的用能品质作为一个重要考量。

8.1.4 增加能源供给、保障能源安全

我国人均能源储量较低，石油、天然气的人均资源量更是远远低于世界平均水平，对外依存度很高，严重威胁国家能源供应安全。充分开发和利用农村地区丰富的可再生能源资源，可以为当地居民和企业提供清洁、高品质的能源，减少对传统化石能源的依赖程度，有助于保障国家的能源安全。

8.1.5 改善能源结构、应对气候变化

可再生能源是一种清洁能源、也是一种低碳能源，增加可再生能源的

使用可以减少污染物和温室气体的排放。为了实现中国温室气体减排的承诺，可再生能源是一项不可或缺的技术。农村具有丰富的可再生能源资源，开发和利用可再生能源也是减少温室气体排放、应对气候变化的现实需要。

8.2 促进中国农村可再生能源发展的政策建议

8.2.1 加强制度设计与组织协调

1. 完善基础性的法律法规

法律法规是农村可再生能源健康发展的基本保障。由于农村可再生能源项目普遍存在规模小、利用分散，专业化程度不高的问题，现有的法律法规中虽然有所涉及，但是普遍重视程度不够，缺少具体的、专门性的规定。《中华人民共和国可再生能源法》是当前中国关于可再生能源发展的一项基础性法律，不过其根本出发点是应对气候变化、保证能源安全，促进农村发展、实现乡村振兴不是其考虑的重点，因此里面只有个别条款涉及农村可再生能源的发展，规定的不够具体。政府另外也出台了很多涉及农村可再生能源发展的法律、法规，不过比较分散，缺乏系统谋划和设计。

建议中央对涉及农村可再生能源发展的法律法规进行补充、完善。具体来说，重点要明确发展农村可再生能源的责任主体，确定发展农村可再生能源的资金来源，制定农村可再生能源技术的相关标准，从而为农村可再生能源健康发展创造一个良好的法律环境。

2. 加强不同部门间的沟通和协调

从前面的分析我们知道，发展农村可再生能源不仅是一个能源问题，更关系到国家的乡村振兴和生态文明建设战略的实施。要保证农村可再生能源管理体制的顺畅，需要建立多部门合作的管理体制。农村可再生能源发展是政府的一项重要公共服务职能，相关职能分散在国家能源局、国家发改委、农业农村部、住房和城乡建设部、财政部和环保部等多个部门。这些机构都有各自的工作重点，只涉及农村可再生能源的某个方面，因此，各部门在选择重点技术和发展模式等方面会存在分歧。另外，中央和地方在发展农村可再生能源的责任和目标上，也经常会存在认识差异。这些分歧和认识差异最终会影响政策的总体效果。

建议成立国家层面的领导机构，协调不同部门的工作，统一研究制定农村可再生能源发展的重大战略和政策，确定各单位职责，形成分工明确、密切配合、上下联动的工作格局。建议将农业农村部部长列入国家能源委员会，使国家在制定能源战略时能够考虑到农村的实际情况和利益诉求。

3. 出台更有远见的规划与目标

虽然农村可再生能源的规划和发展目标在相关的能源规划、可再生能源规划中都有涉及，但是由于农村可再生能源的规模普遍较小，对达成国家总体能源和减排目标的贡献不大，因此没有引起能源主管部门的足够重视。一个明显的依据就是，"十二五""十三五"可再生能源发展规划中，农村可再生能源的发展目标即使没有下降，也基本没有上升。

建议中央从国家生态文明建设、乡村振兴的总体目标出发，高度重视农村可再生能源的发展，出台更有远见的产业规划和发展目标。在对农村资源和能源利用现状进行调查的基础上，制定不同时期农村可再生能源发展的总体目标和不同地区的发展重点，为农村可再生能源的发展指明方向。

4. 强化各级政府的组织实施

再宏伟的蓝图不去实施也不会自动实现，农村可再生能源的发展也离不开基层政府的具体实施。

第一，各级政府和主管部门要在认真分析上级规划目标、当地资源禀赋的基础上，结合经济和社会发展状况，认真编制发展规划，为当地农村可再生能源的持续、健康发展提供方向指引。各地的农村可再生能源发展规划不仅要符合国家能源发展战略方向，还要考虑生态文明建设和乡村振兴战略的需要。

第二，要明确各级政府和主管部门在发展农村可再生能源中的责任。各级政府要加强组织领导，把农村可再生能源建设工作列入重要议事日程，农业、发改、财政、科技、环保等相关部门要各负其责，通力合作，努力解决可再生能源发展过程中遇到的难题。

8.2.2 加强可再生能源技术在农村的宣传和推广

1. 加大农村可再生能源示范项目建设

通过调研，我们发现，农村居民非常推崇"眼见为实"的古语。因此，示范工程对推广农村可再生能源技术具有非常好的效果。

政府可以开展光伏一体化项目示范、农作物秸秆能源化利用项目示范、沼气综合利用项目示范、新能源生态示范村等一系列示范项目，向民众宣传光伏、生物质能等新技术、新产品，通过示范项目来宣传、推广农村可再生能源技术，让他们切实了解新技术的优点，增加他们利用可再生能源的比例。

2. 构建农村可再生能源宣传网络

农村居民缺少了解可再生能源知识的有效渠道，造成对可再生能源技术的很多误解，这影响了可再生能源在农村的推广。因此，政府要加紧构建农村可再生能源宣传网络，为农村可再生能源的发展助力。

（1）建立农村可再生能源宣传网络，大力发挥互联网技术的优势，建立专门的网站和微信公众号，定期发送技术动态和行业信息。

（2）利用农技站等农村技术推广机构的渠道优势，构建以可再生能源技术专员为指导，典型利用农户为核心的信息宣传网络。

3. 多渠道宣传农村可再生能源知识

我们调研发现，大多数农村居民对可再生能源缺乏必要的了解，缺乏信息成为制约可再生能源在农村地区推广的一个重要因素。要加大农村地区可再生能源知识的宣传力度，努力形成全社会广泛了解、支持和积极参与可再生能源建设的社会氛围。

（1）充分利用网络、电视、报纸、宣传栏、宣传手册等多种形式，广泛宣传发展农村可再生能源的重要意义，先进典型的成功经验。

（2）向农村广大民众普及农村可再生能源知识，介绍相关技术的发展动态以及成本、收益情况，引导农民在政府的支持和引导下参与农村可再生能源开发和利用。

8.2.3 加快培育农村可再生能源产业

1. 创建良好的市场环境

农村地区市场意识淡薄、缺乏鼓励企业良性竞争的市场环境。因此，政府需要从制度建设方面入手，出台具体的法律法规，为产业发展提供良好的市场环境。

（1）出台相关的法律、法规，构建一个市场机制为基础、政府扶持引导的产业氛围，为企业发展营造良好的制度环境。

（2）制订农村可再生能源技术的统一标准，防止有些企业通过偷工减料生产劣质低价的产品来扰乱市场，形成劣币驱逐良币的现象。

（3）加强市场监管执法力度，坚决打击假冒伪劣产品，为合法经营的厂商创造一个良好的市场环境。

2. 形成稳定的需求预期

当前，农村可再生能源市场的规模还普遍较小，企业盈利前景不明确，投资风险较高，这会影响企业投资农村可再生能源的积极性。因此，政府需要出台相关措施，为企业形成稳定的市场需求预期。

（1）各级政府可以通过制定可再生能源具体发展目标，引导企业能对未来的市场规模有一个大致的了解。在明确的发展目标指引下，企业可以对不同可再生能源技术的发展有一个清晰的认知，从而可以对相关产品的市场需求进行估算，并据此进行投资决策。

（2）政府可以与可再生能源开发企业签订长期协议，通过确定明确的保护价格、补贴标准，使企业对未来的盈利有一个稳定的预期。

3. 加大产业扶持力度

当前的农村可再生能源产业尚处于萌芽状态，企业规模普遍较小、实力较弱，有的甚至还是采取农村作坊式的经营模式。他们的共同特点就是缺乏市场竞争力，需要政府的大力扶持。

政府不仅要给予这些企业资金上的支持，还要从企业经营、技术指导、人员培训、税收政策等多个方面对他们进行指导，使他们能够按照现代企业的模式建立良好的组织架构和管理体制，形成较强的市场竞争力。

8.2.4　加大对农村可再生能源发展的资金支持

1. 增加对农村可再生能源的补贴力度

农村可再生能源具有显著的正外部性效果，但是从目前来看，大多数技术的利用成本都相对较高，政府需要给予补贴、支持其发展。

（1）建议国家设立专项基金或者明确可再生能源发展基金中用于发展农村可再生能源项目的份额；地方各级政府也应把农村能源建设纳入社会发展计划和财政支持计划，增加资金的支持力度。

（2）各级政府还可以统筹扶贫资金用途，增加对农村生物质能源开发、光伏扶贫等项目的资金投入，在解决农村地区清洁能源供应的同时，增强这些贫困地区"造血"能力，增加贫困群众的收入。

2. 出台针对农村可再生能源开发企业的财税优惠政策

农村居民的收入水平相对较低，价格承受能力不强，这就决定了农村可再生能源项目的利润水平不会太高，对企业也缺乏投资吸引力。为了鼓励企业投资可再生能源项目，政府需要给它们税收优惠。

（1）为农村可再生能源设备制造和运营服务的企业提供税收优惠，减少企业成本负担，吸引更多的企业加入农村可再生能源开发和利用领域。

（2）降低农村可再生能源企业享受优惠政策的门槛。从事农村可再生能源领域生产和服务的很多企业都是当地农民创办的作坊式的小企业，缺乏规范管理，政府相关部门在办理财税优惠事项时要考虑这一实际，降低企业服务门槛，使这些小企业能够真正受益。

3. 引导社会资金进入农村可再生能源产业

资金短缺是制约农村可再生能源发展的一个重要因素，如何吸引更多的资金加入农村可再生能源产业中来是政府需要考虑的一个重要课题。

（1）要建立健全政府财政资金的投入保障机制，加大公共财政预算资金的支持力度，加快补齐农村可再生能源发展的短板。

（2）将政府和社会资本合作（PPP）的模式引入农村可再生能源体系建设中来。例如，可以引导社会资本进入生物质颗粒生产、生物燃气生产、农村能源服务站等可商业化运行的项目，建立起政府引导，企业、社会共同参与的资金投入机制。

（3）放松对农村资源的开发限制，降低农村可再生能源的开发成本，增加对企业的投资吸引力。

4. 为农村可再生能源开发企业提供金融支持

农村可再生能源开发企业的规模普遍较小、经营水平不高、经营风险较大，这影响了金融机构为它们提供贷款和金融服务的积极性。为了解决农村可再生能源开发企业资金短缺的问题，政府需要出台措施鼓励金融机构为农村可再生能源开发企业提供金融支持。

（1）引导各类金融机构加大农村金融产品和服务的创新力度，针对农村可再生能源开发经营主体的差异化资金需求，提供多样化的融资解决方案。

（2）建立政府担保机制，为农村可再生能源开发企业的经营活动和贷款提供担保，降低金融机构的经营风险，提供他们向农村可再生能源开发企业提供金融服务的积极性。

8.2.5 强化农村可再生能源的技术创新

1. 加大对农村可再生能源技术的研发支持

由于以往农村市场较小，企业对农村可再生能源技术缺乏足够的重视，造成适合农村利用的生物质颗粒锅炉、生物质燃气气化炉、高产稳产沼气发酵技术等一些可再生能源技术水平不高，影响了推广和使用的效果。

要努力提高农村可再生能源利用的自主创新水平，支持相关科研院所和重点企业进行技术攻关。建议政府通过在国家重大研究计划中设置研究专项、为企业提供研发补贴的方式加大对农村可再生能源技术的研发支持，争取在一些重点技术上取得突破。在国家和相关部委的研发课题和创新项目中，也要增加对农村可再生能源技术研发的资助比例。

2. 加强对农村可再生能源技术的保护

农村居民普遍具有法制意识相对淡薄，收入水平较低、贪图便宜的特点，这给一些不良厂商的制假、售假行为提供了良好的土壤。在调研过程中我们发现，一些厂商设计出的生物质颗粒炉具不到两个月就在市场上发现了仿制品，有的甚至还堂而皇之地贴上他们的商标，这严重影响了企业技术研发的积极性。

政府一方面要加大法律宣传力度，提高企业知识产权保护的意识和侵权违法的意识；另一方面要加强市场监管执法力度，加大对假冒伪劣产品的检查和处罚。通过对技术产权的保护，鼓励企业加大技术投入、研发出更多质优价廉的产品。

3. 打造农村可再生能源创新应用模式

农村可再生能源具有规模小、分布式和间歇性强的特点，适合探索"互联网＋分布式能源"的农村可再生能源利用新模式。

政府要根据不同地区的资源与环境特点，推动企业充分利用现有互联网和人工智能技术，建立清洁、高效的智慧能源系统。推动在公共建筑、住宅屋顶上安装分布式光伏发电系统；依托农业大棚、渔业养殖设施，建设农光互补和渔光互补的光伏发电系统；建设以农林剩余物、畜禽养殖废弃物和有机废水等为原料的分布式能源生产和供应系统。

8.2.6 完善农村可再生能源生产和服务体系

1. 建立以市场化为导向的农村可再生能源生产和供应体系

要完成"乡村振兴"的宏伟目标，必须实现农村能源生产和消费方式的革命性转变，这就必须大力发展农村现代能源、特别是可再生能源。为实现这一目标，需要在农村地区建立起现代化的能源生产和供应体系，提高农村地区能源服务的专业化水平。

政府应该按照"城乡统筹发展、公共服务均等化"的根本原则，结合美丽乡村建设的进程，加快在农村地区建设现代化的可再生能源生产、供应和服务网络。政府要加强农村可再生能源产业主体的培育与建设，创新组织和经营模式，努力完善企业与农民的利益协调机制，打造健全的农村可再生能源产业化生产和供应体系，为农村居民利用可再生能源提高技术保障，积极培育农村可再生能源市场。

2. 完善农村可再生能源服务与配套体系建设

服务与配套体系影响着农民对农村可再生能源的利用的切身利益，关系着农村可再生能源发展的成败。我们在调研中就发现，有些家庭的太阳能热水器仅仅由于真空管破碎不方便维修就弃置不用，造成了很大的浪费，也影响了农民对其他可再生能源的使用积极性。

政府要加强农村可再生能源服务与配套体系建设，可以在基层农技推广机构配备专人负责可再生能源技术的指导与服务工作。在重点示范乡镇，要充分发挥农技推广站的技术和人才优势，指导农民建立市场化的可再生能源服务组织，努力打造产业化发展、社会化服务与物业化管理的可再生能源服务体系。在缺乏政府农技推广部门的地区，也可以通过资金补助、税收优惠等措施鼓励企业充实农村地区服务网络的人员数量，提高服务人员的专业素质，保证农村可再生能源的持续、健康发展。

3. 加强农村可再生能源技术人才的培养

要保证农村可再生能源的建设质量和服务水平，人才是关键。

一是要加快农村可再生能源技术相关专业技术人才的培养。可以考虑在应用型本科院校或职业类院校开设农村可再生能源发展所亟须的一些专业，培养一批高级技术研发人才和熟练技术工人，为推动农村可再生能源发展奠定坚实的人力资源基础。

二是加大对技术培训机构的支持力度。在有条件的高等院校或者培训机构开展农村可再生能源技术培训，提高农村可再生能源从业人员的知识和技术水平。

三是做好农村可再生能源从业人员的职业技能鉴定和管理工作，保障农村可再生能源服务队伍的质量水平。

参考文献

［1］曹启龙、盛昭瀚、周晶等：《基于公平偏好的我国政府投资项目代建制激励—监督模型》，载《中国软科学》2014 年第 10 期。

［2］陈彬：《基于可持续理念的村落环境优化与更新策略研究》，山东建筑大学硕士学位论文，2019 年。

［3］程展兴、剡亮亮：《非同步交易、信息传导与市场效率——基于我国股指期货与现货的研究》，载《金融研究》2013 年第 11 期。

［4］仇焕广、严健标、江颖、李登旺：《中国农村可再生能源消费现状及影响因素分析》，载《北京理工大学学报（社会科学版）》2015 年第 3 期。

［5］杜祥琬、刘晓龙、黄群星等：《中国农村能源革命与分布式低碳能源发展战略研究》，科学出版社 2019 年版。

［6］方燕、张昕竹：《机制设计理论综述》，载《当代财经》2012 年第 7 期。

［7］郭本海、黄良义、刘思峰：《基于"政府 – 企业"间委托代理关系的节能激励机制》，载《中国人口·资源与环境》2013 年第 8 期。

［8］国家可再生能源中心：《国家可再生能源发展报告（2018）》，中国环境出版社 2018 年版。

［9］国家能源局：《国家可再生能源发展"十二五"规划》，2012 年。

［10］赫伯特·金迪斯著，王新荣译：《演化博弈论——问题导向的策略互动模型》，中国人民大学出版社 2015 年版。

［11］胡丽霞：《北京农村可再生能源产业化发展研究》，河北农业大学，2008 年。

［12］黄丽萍、王谦：《雇佣过程中隐私权与知情权的冲突—博弈论视角下的边界研究》，载《湖北社会科学》2012 年第 6 期。

［13］H. 培顿·杨著，王勇译：《个人策略与社会结构——制度的演化理论》，上海三联店 2006 年版。

［14］贾旭东、谭新辉：《经典扎根理论及其精神对中国管理研究的现实价值》，载《管理学报》2010 年第 7 期。

［15］蒋剑春、应浩、孙云娟：《德国、瑞典林业生物质能源产业发展现状》，载

《生物质化学工程》2006 年第 5 期。

[16] 矫振伟、赵武子、王瀚平、苏俊林：《混合生物质颗粒燃料的燃烧特性》，载《可再生能源》2012 年第 6 期。

[17] 科宾·斯特劳斯著，朱光明译：《质性研究的基础：形成扎根理论的程序与方法》，重庆大学出版社 2015 年版。

[18] 李俊江、王宁：《中国能源转型及路径选择》，载《行政管理改革》2019 年第 5 期。

[19] 利奥尼德·赫维茨、斯坦利·瑞特著，田国强译：《经济机制设计》，格致出版社 2009 年版。

[20] 刘世粉：《基于扎根理论的农村可再生能源利用影响因素研究》，山东工商学院硕士学位论文，2017 年。

[21] 刘同良：《中国可再生能源产业区域布局战略研究》，武汉大学博士论文，2012 年。

[22] 卢珂、周晶、林小围：《基于三方演化博弈的网约车出行市场规制策略》，载《北京理工大学学报（社会科学版）》2018 年。

[23] 罗国亮、张嘉昕、郭晓鹏、任博雅：《我国农村能源发展状况与未来展望》，载《中国能源》2019 年第 2 期。

[24] REN21，2018. 全球可再生能源统计报告（2018）.

[25] 山东省人大常委会法制工作委员会：《山东省农村可再生能源条例释义》，山东人民出版社 2008 年版。

[26] 盛光华、张志远：《补贴方式对创新模式选择影响的演化博弈研究》，载《管理科学学报》2015 年第 9 期。

[27] 孙法柏、唐洪霞：《WTO 框架下可再生能源补贴的制度困境与消解路径》，载《昆明理工大学学报（社会科学版）》2015 年第 1 期。

[28] 孙永龙、牛叔文、胡嫄嫄、齐敬辉：《高寒藏区农牧村家庭能源消费特征及影响因素——以甘南高原为例》，载《自然资源学报》2015 年第 4 期。

[29] 唐松林：《农村可再生能源发展路径——基于多准则的分析》，经济科学出版社 2015 年版。

[30] 唐松林：《稳妥推进北方农村清洁供暖》，载《人民日报（理论版）》2019 年 1 月 24 日。

[31] 田国强：《经济机制理论：信息效率与经济机制设计》，载《经济学（季刊）》2003 年第 2 期。

[32] 田霖：《扎根理论评述及其实际应用》，载《经济研究导刊》2012 年第 10 期。

[33] 万慧敏：《基于扎根理论的社会成本战略研究》，武汉理工大学，2017 年。

[34] 王成韦、赵炳新等：《企业联盟对长三角城市经济关联的影响——基于网络演化博弈的视角》，载《工业技术经济》2019 年第 7 期。

[35] 王璐、高鹏：《扎根理论及其在管理学研究中的应用问题探讨》，载《外国

经济与管理》2010 年。

　　［36］王宁：《德国能源转型的经济分析及启示》，吉林大学，2019 年。

　　［37］王庆一：《2020 年能源数据》，能源基金会报告，2020 年。

　　［38］王仲颖、任东明、秦海岩等：《世界各国可再生能源法规政策汇编》，中国经济出版社 2013 年版。

　　［39］夏德建、孙睿、任玉珑：《政府与企业在排污权定价中的演化稳定策略研究》，载《技术经济》2010 年第 3 期。

　　［40］徐虹、秦达郊、任建飞：《传统林区村落旅游扶贫开发路径及影响机制——以内蒙古阿尔山市鹿村为例》，载《社会科学家》2018 年第 9 期。

　　［41］徐华：《自然垄断产品定价：边际成本法还是平均成本法》，载《中国经济问题》1999 年第 2 期。

　　［42］许玲燕、杜建国、汪文丽：《农村水环境治理行动的演化博弈分析》，载《中国人口·资源与环境》2017 年第 5 期。

　　［43］姚大庆：《汇率预期、门槛效应与货币国际化：基于网络演化博弈的研究》，载《世界经济研究》2018 年第 7 期。

　　［44］于建业、王元卓、靳小龙、程学旗：《基于社交演化博弈的社交网络用户信息分享行为演化分析》，载《电子学报》2018 年第 1 期。

　　［45］张明鹏：《高校校史微信传播影响力的评价与提升策略研究》，重庆大学，2018 年。

　　［46］张维迎：《博弈论与信息经济学》，三联书店 2004 年版。

　　［47］张兴平、刘文峰：《典型国家可再生能源政策演变研究》，载《电网与清洁能源》2018 年第 10 期。

　　［48］赵嘉辉、孙永辉：《简论我国新兴能源产业政策的发展定位》，载《中外能源》2012 年第 1 期。

　　［49］赵洁玉、刘哲、刘然、岳高、俞维平、蒋浩：《"十一五"以来中国对世界节能减排贡献的研究》，载《能源与环境》2019 年第 1 期。

　　［50］赵雪雁：《生计方式对农村居民生活能源消费模式的影响——以甘南高原为例》，载《生态学报》2015 年第 5 期。

　　［51］周文兵：《基于演化博弈理论的农村可再生能源补贴策略研究》，山东工商学院硕士学位论文，2019 年。

　　［52］Alan Gibbard, 1973. Manipulation of voting schemes ［J］. *Econometrica*, 41：587 – 601.

　　［53］Edward Clarke, 1971. Multi-part pricing of public goods ［J］. *Public Choice*, 11：17 – 23.

　　［54］Eric Maskin. Nash equilibrium and welfare optimality ［J］. *Review of Economic Studies*, 66：23 – 38.

　　［55］Foley G., Timonen V., 2015. Using grounded theory method to capture and analyze health care experiences [J]. *Health services research*, 50 (4): 1195 – 1210.

[56] Glaser, B. G. and Strauss, A. L. , 1967. *The discovery of grounded theory: Strategies f or qualitative research* [M]. New York : Aldine.

[57] Haiyan Shan, Junliang Yang, 2019. Sustainability of photovoltaic poverty alleviation in China: An evolutionary game between stakeholders [J]. *Energy*, 181: 264 – 280.

[58] Hedong Xu, Suohai Fan, Cunzhi Tian, Xinrong Xiao, 2019. Evolutionary investor sharing game on networks [J]. *Applied Mathematics and Computation*, 340: 138 – 145.

[59] H. Niu, Y. He, U. Desideri, et al, 2014. Rural household energy consumption and its implications for eco-environments in NW China: A case study. Renewable Energy, 65: 137 – 145.

[60] Huijts N M A, Molin E J E, Steg L. Psychological factors influencing sustainable energy technology acceptance: A review-based comprehensive framework [J]. *Renewable and Sustainable Energy Reviews*, 2012, 16 (1): 525 – 531.

[61] IRENA, 2016. Policies and Regulations for Private Sector Renewable Energy Mini – Grids [R]. IRENA, Abu Dhabi.

[62] IRENA, 2018. Policies and Regulations for Renewable Energy Mini – Grids [R]. IRENA, Abu Dhabi.

[63] Jan Thomas Martini, Rainer Niemann, Dirk Simons, 2016. Tax-induced distortions of effort and compensation in a principal-agent setting [J]. *Journal of International Accounting*, 27: 26 – 39.

[64] John C. Harsanyi, 1968a. Games with incomplete information played by Bayesian Players – Part II: Bayesian equilibrium points [J]. *Management Science*, 14: 320 – 334.

[65] John C. Harsanyi, 1968b. Games with incomplete information played by Bayesian Players – Part III: The basic probability distribution of the game [J]. *Management Science*, 14: 486 – 502.

[66] John C. Harsanyi, 1967. Games with incomplete information played by Bayesian Players – Part ?: The basic model [J]. *Management Science*, 14: 159 – 182.

[67] Kulkarni S. H. , Anil T. R. , 2015. Status of rural electrification in Indian energy scenario and people's perception of renewable energy technologies [J]. *Strategic Planning for Energy and the Environment*, 35 (1): 41 – 72.

[68] Leonid Hurwicz, 1972. *On informationally decentralized systems* [M]. In: Decision and Organization. Ed. By C. B. McGuire and R. Radner. North-holland, Amsterdam.

[69] Leonid Hurwicz, 1960. *Optimality and informational efficiency in resource allocation processes. In: Mathematical Methods in the Social Sciences* [M]. Ed. By K. J. Arrow and S. Karlin. Stanford University Press, California, USA.

[70] Lu Wang, Junjun Zheng, 2019. Research on low-carbon diffusion considering the game among enterprises in the complex network context [J]. *Journal of Cleaner Production*,

210: 1 – 11.

[71] Ruyin Long, Jiahui Yang, Hong Chen, et al, 2019. Co-evolutionary simulation study of multiple stakeholders in the take-out waste recycling industry chain [J]. *Journal of Environmental Management*, 231: 701 – 713.

[72] Theodore Groves, 1973. Incentives in teams [J]. *Econometrica*, 41: 617 – 631.

[73] UN, 2018. Accelerating SDG7 achievement: Policy briefs in support of the first SDG7 review at the UN High – Level Political Forum 2018 [R]. www. sustainabledevelopment. un. org/content/ documents/18041SDG7_Policy_Brief. pdf.

[74] USAID, 2017. Practical Guide to the Regulatory Treatment of Mini-grids [R]. https://pubs. naruc. org/pub/E1A6363A – A51D0046 – C341 – DADE9EBAA6E3.

[75] William Vickrey, 1961. Counterspeculation, auctions, and competitive sealed tenders [J]. *Journal of Finance*, 16 (1): 8 – 37.

[76] W. Liu, C. Wang, Mol A. P. J. , 2013. Rural public acceptance of renewable energy deployment: The case of Shandong in China [J]. *Applied energy*, 102: 1187 – 1196.

[77] Yazdanpanah M, Komendantova N, Ardestani R S. , 2015. Governance of energy transition in Iran: Investigating public acceptance and willingness to use renewable energy sources through socio-psychological model [J]. *Renewable and Sustainable Energy Reviews*, 45: 565 – 573.

[78] Yuan X. , Zuo J. , Ma C. , 2011. Social acceptance of solar energy technologies in China—End users' perspective [J]. *Energy Policy*, 39 (3): 1031 – 1036.

[79] Zhang Yiwen, Shashi Kant, Jinlong Liu, 2019. Principal-agent relationships in rural governance and benefit sharing in community forestry: Evidence from a community forest enterprise in China [J]. *Forest Policy and Economics*, 107: 1 – 8.